圖解近身武器

The Cold Weapon

奇幻基地

　　武器就是戰鬥的工具。說句直接坦白的話，所謂武器就是用來傷害、格殺人類或生物的工具。人類自古便發明與使用各式各樣不同種類的武器；有的能夠一擊斃命，有的能讓人像躺在棉花堆裡似的，一點一點往死亡沉落，有的則甚至從遙遠的距離就能單向進行攻擊。

　　野獸天生就有利爪尖牙，就連草食性動物也會利用堅硬的角或蹄子自保。而每個脆弱的人類欲取得武器之目的皆不盡相同，只要稍微觀察各人攜帶的武器，便足以窺知此人的思想。武器不但是殺傷他人的工具，同時也是能夠反映人類內心世界的一面鏡。

　　在這些武器當中，本書專門討論鎗炮問世前的劍、槍、弓箭等武器，亦即所謂的「冷兵器」。本書先從近身武器的基礎知識開始寫起，並將武器分類為「力量型武器」、「技巧型武器」、「特殊武器」——這當然只是權宜的分類法而已，力量型武器仍然需要技巧，技巧型武器亦同樣不可欠缺力量的輔助。各位讀者不妨可以將此分類視為一種判斷「該武器比較偏重力量抑或技巧」的標準。

　　相同的文字經常會因為時代而有不同的發音，而許多用語在印刷技術尚未發達以前也有多種表記方式；明明武器形狀相同，但各項資料所載名稱卻不一致的情形，可以說是司空見慣。筆者認為與其勉強統一，倒不如選用較為人知的發音或名稱，因此有些武器的文字表記可能會跟專門書籍稍有出入，這點還請讀者諸君見諒。

　　本書的重點在於「如何從武器推敲他人內心世界」以及「應當選用何種武器才能表現出人物思想」，是故並未針對武器的歷史演變或詳細數值資料多作描述；如何想要深入瞭解這些資料，讀者可以在讀過本書後，選新紀元社《武器與防具》三部作或《武器事典》等深入介紹武器歷史的專門書籍，相信應該能幫助各位讀者更趨近於武器的真理。

大波　篤司

目 次

第1章
基礎知識

要選擇何種武器?

面對各式各樣的武器,想要「選出最好的武器」時,你是否會感到茫然失措?究竟什麼叫作「好武器」?其實各種篩選條件所在多有,但有個很重要的指標就是——使用者「想要達到什麼目的」。

➤ 選擇能夠達到目的之武器

武器有各式各樣的形狀及大小之分,可適用於各種「預期的用途」。倘若使用者清楚自己的使用目的,就能反過來根據目的選出合適的武器。基本上手執兵刃之目的就是要作戰,而所有赴沙場者應該都是抱持著「想要勝過他人」的想法。簡單來說,勝利就是指「維持自身戰鬥能力,並剝奪對方戰鬥能力」,因此武器的威力強弱非常重要。

能夠對敵人造成重大傷害的武器,首推**斧**類兵器和**鎚**類兵器。斧可說是種「帶刃的棍棒」,能夠輕易地將人臂膀削下;鎚則是能令穿著鎧甲的敵人也會粉身碎骨;長柄的**槍**能使敵人無法近身,有利於運用距離優勢採取先制攻擊。綜合斧、鎚、槍諸要素的**長柄兵器**跟弓箭等**飛行道具**,長期以來一直是戰場上的主角。

除此以外,兵刃交戰還包括了以平時「防身」為目的之武器。這些是基於「不求強於敵,唯不能弱於敵」的準則選出的武器,以較短的**劍**與**刀**、適度輕量化的鎚等為上選。日常生活裡固然不能帶著那些專為戰場設計、殺氣騰騰的重兵器到處走,但只要選用「易於攜帶、具有相當威力」的武器來防身,就沒有太大的問題。不過像是警備兵等,有的時候也會特意使用大型的武器來兼具「防身」及「威嚇」目的。

在以「暗殺」或「戰鬥中之牽制」為目的進行作戰時,「出其不意」可以增加作戰成功率,是以可藏在掌心或衣服裡的隱藏式武器最為適用。

想要藉由武器達到什麼目的？

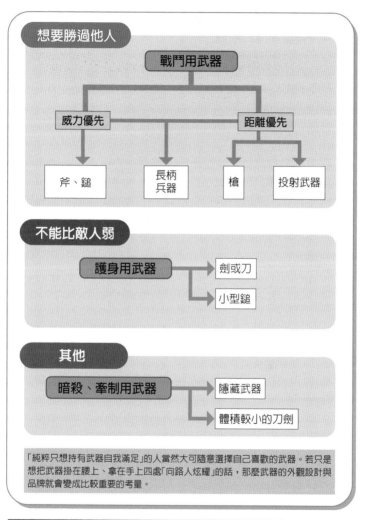

「純粹只想持有武器自我滿足」的人當然大可隨意選擇自己喜歡的武器。若只是想把武器掛在腰上、拿在手上四處「向路人炫耀」的話，那麼武器的外觀設計與品牌就會變成比較重要的考量。

關聯項目

◆劍有何特徵？→No.007
◆日本刀是什麼樣的武器？→No.008
◆斧是蠻族的武器？→No.010
◆各式不同種類的鎚→No.012
◆遠距離攻擊用武器「投射武器」→No.019
◆可供偷藏夾帶的武器→No.014
◆槍是騎兵的武器，還是步兵的武器？
　→No.015
◆何謂長柄兵器？→No.017

汝是何人？

武器是搏殺的道具，而搏殺本是男性的天職。因為如此，幾乎所有近身武器的構造與使用方法，皆是以「一般成年男性使用」為基準所設計。

➤ 婦孺無法使用武器？

儘管順利找到符合作戰目的之武器，也並不代表使用者能將武器運用自如，就好比小個子的人如果穿著不合身的寬鬆褲子會容易跌倒，武器有時也會因為使用者是女性或兒童而無法發揮其機能。這麼說來，是否只有成年男性才能恰當的操作武器呢？答案當然不是。既然同是人類就沒有「不能用」的道理，只是比較「難用」而已。

「肌力」是重要的因素。武器是以成年男性為基準所設計，其重量對女性與兒童來說是相當大的負擔；先不說要揮舞武器，有時反而還會被武器搞得東倒西歪、踉踉蹌蹌，甚至拿都拿不動。若選用以**突刺**為基本動作的**西洋劍**與**槍**，雖然多多少少可以彌補這個因素，但缺乏肌力終究會導致殺傷力的不足。此外「體格」也很重要；水戶黃門*根本不可能揮舞沉重的**斧**或**鎚**，而150公分高的矮小男性也無法使用柄長且容易失去重心的**長柄兵器**。再者，瘦弱的體格將會加速疲勞累積，勉強使用不合適的武器掄來舞去，不久就會累得無法動彈。

但是，前述諸條件亦非絕對。就好比鞋子也有大小的差別，即便是相同構造的武器，使用者也有可能會因武器入手途逕的不同，而得到重量合於自身肌力的武器；武器的尺寸也仍有適度削短或加長的修改空間，使其合於使用者的體格。當然，透過訓練與修行「使自己能合於武器」同樣是很有效的方法。只要能順利排除前述難處，那麼像「雙手舞動兩柄**戰斧**的嬌弱少女」這種充滿妄想氛圍的情境也絕非毫無可能，說不定還可藉此採取跳脫**近身武器戰鬥模式**的奇襲戰術。

使用者之適性判斷

使用武器必須要有的身體條件

肌力

體格

肌力不足

- 無法對敵人造成巨大殺傷力
- 連武器都拿不動

體格不良

- 體重太輕而導致重心不穩
- 體力快速流失,遑論戰鬥

解決對策

- 利用創意及巧思改良武器
- 藉嚴格修鍊進行肉體改造

※ 水戶黃門:即德川光圀。日本時代劇的招牌戲碼,主角是個髮鬚皆白的瘦小老頭。

關聯項目

◆近身武器的攻擊方法→No.004
◆斧是蠻族的武器?→No.010
◆各式不同種類的鎚→No.012
◆槍是騎兵的武器,還是步兵的武器?→No.015

◆何謂長柄兵器?→No.017
◆戰鬥用斧～戰斧→No.035
◆細身劍～西洋劍→No.054

要以何種距離作戰？

對敵的交戰距離亦可稱作「戰鬥間距」。在近身武器的世界裡，「距離愈近殺傷力愈大」的既有概念其實未必正確；在近距離毫無用處、拉開距離後才能發揮威力的武器，亦不在少數。

➤ 要退？要攻？

一般的戰鬥間距就是所謂的「中距離」（Middle Range），只要想像劍道比賽的畫面便不難理解。「中距離」是指持用刀、劍等武器「約與臂膀等長的武器交戰」的間距；在進攻時必須向前跨步縮短距離，在防禦時則必須專心保持與敵人的距離，使用者在這個距離下，可以將武器的長度活用於攻防兩面，非常適於交戰。

從中距離進一步縮短距離，就是「近距離」（Short Range）。這就是柔道在「伸手便可扭住敵人的距離下交戰」的間距，此時中距離用的武器會顯得過大，因此近距離用的武器大多都是以長約30公分的短劍或山刀之類的武器為主。

敵我接近到雙方額頭互碰的距離，就是「至近距離」（Close Range）。在這個距離下，勢必要改用鐵拳或鉤爪等拳頭式延長性武器，殺傷力則完全視使用者的肌力而定。由於距離較短，至近距離與近距離用的武器之攻擊範圍偏重於上半身，此類武器揮舞半徑較小、容易掌握，有利於卸開、架開對方的武器。能夠從中距離武器搆不著的位置發動攻擊的武器，就是「遠距離」（Out Range）武器。此類武器大多是槍或長柄兵器等較長的大型武器，可以利用體重對遠處的敵人施以重擊。當然，亦稱投射武器的飛行道具也屬於遠距離用武器範疇，跟前者同樣皆可使用於「不讓敵人近身」的防禦性戰鬥。

至近距離與近距離的武器倘若離敵人太遠便無法交戰，是以必須採取「積極前進的戰鬥方式」；遠距離武器必須避免敵人縱身欺近攻擊範圍的內側而造成傷害，所以勢必要採取「且戰且退、保持距離的戰鬥方式」。因此持武器作戰的時候，必須突先確定自己的武器適合何種作戰距離。

近身武器的交戰距離

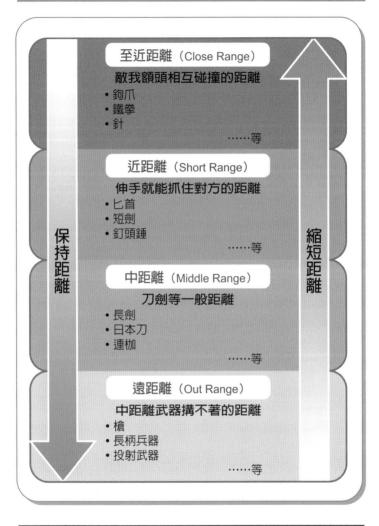

至近距離（Close Range）

敵我額頭相互碰撞的距離
- 鉤爪
- 鐵拳
- 針

……等

近距離（Short Range）

伸手就能抓住對方的距離
- 匕首
- 短劍
- 釘頭錘

……等

中距離（Middle Range）

刀劍等一般距離
- 長劍
- 日本刀
- 連枷

……等

遠距離（Out Range）

中距離武器搆不著的距離
- 槍
- 長柄兵器
- 投射武器

……等

保持距離

縮短距離

關聯項目

近身武器的攻擊方法

正擊、橫掃、斬擊、突刺

一旦提起武器與敵對陣,卻還不知該如何是好的話,可能瞬間就會被敵人打倒。如果不想落得這種下場,就要比敵人先一步用武器攻擊到對方。在被打倒之前,得先打倒對方!

➤ 打倒敵人才是勝利之道

　　近身武器的各種攻擊模式中,舉起武器由上往下揮擊的「正擊」是最基本的攻擊模式;這個方法利用武器的重量增加殺傷力,因此從人類用棍棒互毆的時代便盛行至今。劍道的「擊面」與「擊小手」是搭配向前踏步的動作,藉速度增加威力,而「正擊」是將武器奮力砍下直至敵人腳尖後,要先把武器提起才能再度進行攻擊,因此並不適用於連續攻擊。

　　「橫掃」則是持武器橫向揮擊的攻擊模式。橫掃的威力略遜於正擊,不過橫向砍出後只需將武器掉頭轉向便可繼續攻擊。從敵人肩頭向下斜劈的攻法稱作「袈裟懸」或「袈裟斬」,倘若未能全力把武器揮擊到底,就會變成「半吊子的正擊」,為此,選用**日本刀**或**波斯彎刀**等刀身彎曲的武器較具效果。

　　「突刺」可說是既有效且適合實戰的攻擊法。從正面發動突刺時,武器的攻擊軌跡集中於單一「點」,不但敵人難以迴避,攻擊力亦得凝聚於武器最前端,造成更大的殺傷力。儘管必須經過訓練才能順利刺中目標,突刺卻能比正擊和橫掃更有效地瞄準敵人的要害或鎧甲縫隙攻擊。除此以外,還有「從下往上揮擊」的特殊攻擊。這是一種為求出其不意,又或者是攻擊敵人死角而衍生出的特殊戰法,以正擊、橫掃為主的「重兵器」完全不適用此戰法;輕而鋒利、能錯臂斷股的**打刀**比較合用。

　　前述諸多戰鬥模式,都是由人類自古以來的攻擊衝動和武器使用法累積並定型化的戰法,進入和平時代以後遂演變成各種「作戰法」與「流派」續傳後世。

近身武器的攻擊模式

武器的攻擊範圍

正擊 （Down Swing）

- 可將武器的重量轉化成殺傷力
- 不適於連續攻擊

適用武器

- 鎚
- 斧
- 又大又重的劍

橫掃 （Side Swing）

- 橫向或斜向揮擊武器
- 殺傷力略遜於「正擊」，但便於連續攻擊

適用武器

- 彎刀
- 中型的劍
- 長柄兵器

突刺 （Thrust）

- 只要善加利用體重，即使武器較輕也能造成相當大的效果
- 必須經過訓練才能順利刺中目標

適用武器

- 槍
- 突刺用的劍
- 短劍

關聯項目

◆日本刀是什麼樣的武器？→No.008
◆中東彎刀～波斯彎刀→No.058
◆日本武士刀～打刀→No.059

No.005
近身武器的防禦方法
武器防禦、防禦、格、格架

武器是戰爭的道具,同時也是保護自己的一張盾牌。對戰士而言,生存才是本分,一股腦地只顧亂揮亂砍簡直就是愚不可及的行為。唯有看清對方的攻擊,並以柔軟的防禦態勢對應之,才能生存下來。

➤ 只要不被打倒就不會輸

不習慣作戰者若欲以武器進行防禦,首先必須要「不把手中的武器當作武器」,要把它看作一面變形的盾牌,先別去想該如何反擊,只要集中精神接住對方攻勢即可。

「武器防禦」可以有效地抵禦大多數的攻擊模式,然而其本質是在「承受」對方攻擊,這必然會使得對方的攻擊力道全部集中於武器上。不論材質再怎麼堅實,不斷承受攻擊仍舊會讓武器逐漸耗損,終致折斷或彎曲。「盾」這種防具的構造可以化解、分散對方的力量,就算盾牌壞掉也不致於無法繼續作戰,然而武器不同,一旦壞掉就等於是當場被判出局。

要用武器防禦對方攻擊,又要把武器累積的耗損壓到最低,遂衍生出「卸力」的防禦模式。此法是在接住對方攻擊的瞬間,稍微改變其武器的角度與方向、減低我方武器耗損;比如敵我武器強度相去甚遠,單以「普通武器防禦」會使我方武器遭破壞,則可運用此防禦法應對周旋。

倘若敵我武器強度差不多,可採取較主動的「撥」防禦模式。此法是要看準敵人**正擊**或**突刺**的動作用武器去撥,其目的在於「使對方武器偏離目標」,因此不怎麼需要用力。——將攻擊撥開,耐心等待對方漏出破綻,便可發出必殺的一擊。

前述用武器承受或撥開對方攻擊的方法,亦稱作「格」、「格架」,此為武器防禦的進階防禦模式。

利用近身武器進行防禦

武器防禦（Weapon Block）

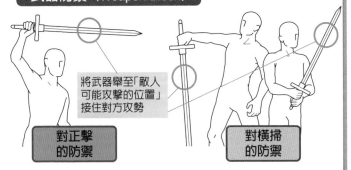

將武器舉至「敵人
可能攻擊的位置」
接住對方攻勢

| 對正擊 的防禦 |

| 對橫掃 的防禦 |

※突刺攻擊乃呈「點」狀，若持細長武器或小型武器較難以對抗

進階防禦模式＝「格架」（Parry）

卸力

- 首先採取武器防禦態勢，然後在雙方武器接觸的
瞬間順勢改變武器的方向，分散衝擊力

撥

- 撥開對方的武器使其「偏離目標」的防禦方法，
對突刺攻擊同樣有效

> 不可執著於「防禦」？
>
> 倘若我方武器比較脆弱，又或者對方使用的是重量級的
> 武器，最好不要勉強交鋒，還是迴避為妙。若非具備相
> 當程度的體術修為，很難避開敵方的攻擊，因此千萬不
> 可疏忽平時的鍛鍊。

關聯項目

◆近身武器的攻擊方法→No.004

切斷·斬擊·突刺·打擊

每種武器造成的傷害各有其特徵。有些武器適於砍擊，有些武器適於打擊，視其形狀而異，樣式亦五花八門。除交戰距離以外，熟知武器殺傷屬性也是決定戰術的重要因素。

➤ 各式武器會造成何種傷害？

將武器「以殺傷屬性」分類行之已久。最具代表性的分類法便是將武器分成**劍**等「砍擊武器」、**槍**等「突刺武器」、**鎚**等「打擊武器」三種，相信沒有人會對這種分類法有異議。然而，日本的劍（刀）與西洋的劍，兩者不論用法或殺傷屬性皆大有不同，難以一概而論。於是筆者遂將砍擊武器再細分為「切斷」、「斬擊」武器，統整出四個類別的殺傷屬性。

首先是以**日本刀**為代表的切斷系武器。此類武器亦屬砍擊武器，刀刃已經事先用磨刀石磨得鋒利無比，遭砍傷者將會從利刃剖開的傷口流失大量鮮血。此類武器適於正擊、橫掃、突刺等大部分的攻擊模式，但碰到金屬製鎧甲殺傷力就會銳減。

斬擊系武器跟切斷系同屬「砍擊武器」，但刃身卻不如切斷系武器鋒利。西洋的劍、斧便屬此系，攻擊時就好像砍柴般地揮向敵人。此類武器當中不乏刃身鋒利，或者劍鋒尖銳適合突刺攻擊的武器，不過斬擊系武器基本上仍是以正擊、橫掃等戰術為主。此外，斬擊系武器皆頗有重量，因此要把敵人的四肢連骨砍下並非難事。

槍是突刺系的代表性武器。此類武器皆以突刺攻敵，使用者的施力較為集中，可輕易捅進他人體內，直接攻擊對方的內臟要害，致命率頗高。因為這個優點，後來有部分的劍、鎚亦進化成能施予突刺攻擊的**刺劍**、**戰鎬**等武器。打擊系武器由來已久，各種鎚兵器皆屬此類。這類武器是用「揮舞打擊」這種極單純戰鬥的方式對敵人造成傷害，即便習武未精者也能使用。

武器的殺傷屬性

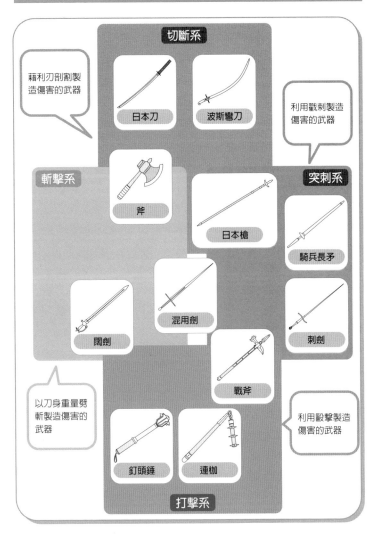

藉利刃剖割製造傷害的武器

切斷系

日本刀

波斯彎刀

利用戳刺製造傷害的武器

斬擊系

斧

日本槍

突刺系

騎兵長矛

闊劍

混用劍

刺劍

戰斧

以刀身重量劈斬製造傷害的武器

利用毆擊製造傷害的武器

釘頭錘

連枷

打擊系

關聯項目

◆劍有何特徵？→No.007
◆日本刀是什麼樣的武器→No.008
◆各式不同種類的鎚→No.012

◆槍是騎兵的武器，還是步兵的武器？→No.015
◆專司突刺的劍～刺劍→No.057
◆戰鬥用鉤爪～戰鎬→No.067

劍有何特徵？

劍、軍刀

劍屬於斬擊系武器。使劍時多是利用其重量斫斬，但突刺型的劍亦不在少數。劍的形狀大小各有不同，除少部分大型劍以外，算是一種可以顧「方便攜帶」與兼「威力」的武器。

➤ 武力與權力的象徵

劍是結合握柄與筆直刀身的武器。其刀身長度雖視地區、時代而異，但大多都是呈「兩刃直刀」的形狀。至於像日本刀這種單刃的武器，則多歸類於刀的範疇。

中世紀歐洲的騎士幾乎都會佩劍，但作戰時卻不一定會用。其實騎士們自己也知道，若是考量到殺人武器之有效性，威力驚人的斧、鎚，還有能從敵人攻擊範圍外攻擊的槍，都比劍來得有用許多。儘管如此他們卻仍舊常大聲喊道：「我以此劍起誓……！」，這是因為劍自古便被視為力量的象徵，其意涵早已不再只是單純的武器而已。

就構造而論，鑄劍所需的金屬遠比槍與鎚都要來得多。因此，在金屬精鍊法尚未發達的時代，唯有掌權者或身分高貴者才能佩劍。佩劍就是身分地位的表徵，即便金屬普及以後仍然未曾改變，就像現代許多美國人認為「持有槍枝」是自由、獨立的象徵，同樣地佩劍亦有其特殊意義——王公貴族要彰顯尊貴身分的時候，不會想在鎚或槍上面花費工夫，幾乎都是想盡辦法在劍柄劍鞘上精雕細琢，力求華麗美觀。

劍的刀身雖然有「刃部」構造，卻並非美工刀或剃刀那種鋒銳的利刃，反而跟山刀比較類似。拿山刀劈開荊棘時，便是利用山刀的重量順勢揮擊，就像使勁毆擊目標似地斫斷障礙物。劍並非日本刀那種以「切斷」為目的的武器，所以如果想要增加威力，勢必要「增加重量」，而非「提升鋒利度」；只要被沉重的劍刃砍中，目標必定會肉離骨碎、斷成兩段。

劍的各部位名稱

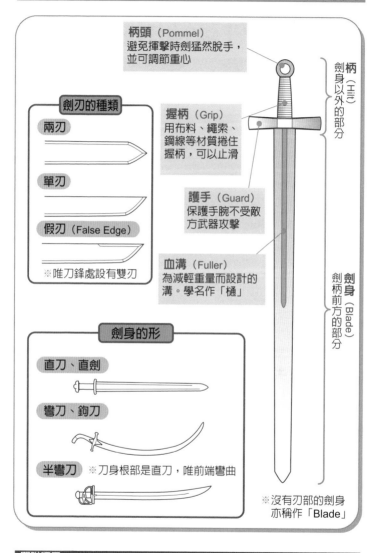

關聯項目

◆日本刀是什麼樣的武器？→No.008　　　◆各式不同種類的鎚→No.012
◆斧是蠻族的武器？→No.010
◆槍是騎兵的武器，還是步兵的武器？→No.015

日本刀是什麼樣的武器？

刀、脇差、武士刀、忍者刀

日本刀是鋒利有如剃刀的切斷系武器。日本的彎刀雖有各種不同尺寸，但是構造卻幾乎完全相同。日本刀的構造複雜，強度不及西洋的劍，不過鋒利度絕對是近身武器之冠。

➤ 日本特有的近身武器

稱為「Katana（カタナ）」的刀是在日本誕生、發展的武器，細長微彎的單刃刀身是其最大特徵。雖然許多刀如中國的**青龍刀**和西洋的**軍刀**等，都是以「刀」為名，但若將「刀」字唸，便是特指日本刀而言。日本刀有別於劍身握柄（劍柄）大多一體成型的西洋刀劍，其用不同性質的金屬、木材、鮫皮、線材、竹材等各種材質製成。其刀身乃以「折返鍛鍊法」鑄成、鋒利有如剃刀，多是在陷入混戰、無法使用弓箭等**飛行道具**或**槍**的時候當作輔助武器使用，或是當作刈敵首級的道具。日本刀與槍相較之下有「容易缺刃、有效攻擊距離短」的缺點，所以才跟西洋的劍一樣未能成為兩軍交戰時的主要兵器。

日本刀向來被視為日本戰士階級「武士」的專屬武器，沿襲至今。其中尤以**太刀**、**打刀**最具代表性，地位相當於西洋劍兵器中的**長劍**。從時代來看，源平兩氏*武者用的是太刀，幕府末期的刺客用的則是打刀。太刀和打刀出鞘後幾無二致，但可以從刀鞘的裝置判別。太刀刀鞘前後各有一個用來綁繩頭的金屬環扣，讓佩劍者掛在腰際；打刀的刀鞘則較為簡約，並無此類金屬裝具。雖然有的時候武士上戰場也會用繩子（下緒）把打刀結在身上，不過通常都是直接插在腰帶裡。另外，注重出鞘流暢度的打刀必須「刀刃朝上」插在腰帶裡，所以可以從刀鞘的方向區別此二者。

江戶時代以後，幕府又賦予刀「身分證明」的功能，除了武士，任何人都不得同時攜帶「大小」（打刀和**脇差**）。江戶時代以後，日本刀最受重用的領域早已不再是戰場，而是防身用途、暗殺用途，以及「報仇」、「決鬥」等幕府公認的對決場合。

刀（打刀）的各部位名稱

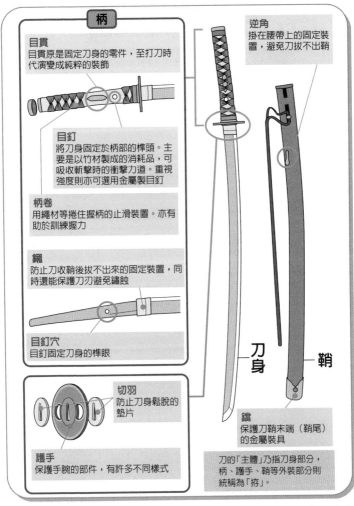

柄

目貫
目貫原是固定刀身的零件，至打刀時代演變成純粹的裝飾

逆角
掛在腰帶上的固定裝置，避免刀拔不出鞘

目釘
將刀身固定於柄部的榫頭。主要是以竹材製成的消耗品，可吸收斬擊時的衝擊力道。重視強度則亦可選用金屬製目釘

柄卷
用繩材等捲住握柄的止滑裝置。亦有助於訓練握力

鎺
防止刀收鞘後拔不出來的固定裝置，同時還能保護刀刃避免鏽蝕

目釘穴
目釘固定刀身的榫眼

切羽
防止刀身鬆脫的墊片

護手
保護手腕的部件，有許多不同樣式

刀身

鞘

鐺
保護刀鞘末端（鞘尾）的金屬裝具

刀的「主體」乃指刀身部分，柄、護手、鞘等外裝部分則統稱為「拵」。

* 源平兩氏：平安時代末期（1160～1185）先後崛起的兩支武士政權，源賴朝並於1192年建立鐮倉幕府。

關聯項目

◆槍是騎兵的武器，還是步兵的武器？→No.015　　◆騎兵馬刀～軍刀→No.055
◆遠距離攻擊用武器「投射武器」→No.019　　◆三尺劍～長劍→No.056
◆中國的單刃劍～青龍刀→No.027　　◆日本武士刀～打刀→No.059
◆源平時期的日本刀～太刀→No.028　　◆小型日本刀～脇差與小太刀→No.065

刀劍交戰，誰勝誰負？

西洋的劍是「只能單憑重量使勁揮砍」的鈍刀，經常被評為粗糙的次流武器。那麼，「不斷裂、不變形、刀刃鋒銳」的日本刀果真就比劍優越嗎？

➤ 劍士與武士的真劍勝負

日本刀是最最優良的刀劍……這似乎是部分日本刀最強論者之間的共識。日本刀不但能劈開鐵製鎧甲，還有電視的實證性節目曾經用刀將子彈削成兩半。以此類推，日本刀根本不可能會輸給形同「鐵塊」的西洋劍兵器。

但是，日本刀的天敵卻也正是這「鐵塊」。想要用利刃切斬物體時，首先必須讓鋒口吃進目標物才行；日本刀之所以能剖開鐵甲與子彈，也正是因為目標物或刀刃先被固定住，使「鋒口容易吃進目標物」所致，這個動作叫作「立刃筋」*。然而在真正的戰鬥中，敵我雙方都不可能靜止不動。想要對劇烈運動中的「表面堅實光滑的鐵塊」立刃筋，可沒那麼簡單。

一旦日本刀無法發揮「鋒利」的特性，便形同拿普通鐵器與對方互擊。西洋的劍兵器之所以缺乏剃刀般的利刃構造，是因為遇上在西洋相當普及的金屬鎧甲時，「即便設有利刃也毫無意義」。西洋的劍和日本刀兩者的關係，其實就跟「山刀和菜刀」沒有兩樣。如果拿山刀跟菜刀互斫，缺刃斷裂的必定是菜刀；山刀就算稍微缺刃也不會有太大的問題，而菜刀若是缺刃就形同廢鐵。日本刀原就是專門為切斬軟質物體而設計的武器，並不像西洋的劍是以「砍擊堅硬物體」為使用目的；因為細長的西洋劍主要是以突刺為進攻手段，雙方不會發展成「刀劍互斫激烈碰撞」的戰鬥，如果日本刀的對手是西洋刀劍中的**西洋劍**，說不定可以搏個平分秋色亦未可知。想要用日本刀對抗西洋的劍兵器，勢必要盡可能地避免與對方的武器互擊、碾軋，採取趁隙攻擊要害或未佩戴防具的部位，使敵人大量出血的戰鬥方式。

強度 vs.鋒銳度

劍的優勢

- 強度優於切斷系武器
- 重心接近腕部,容易使用

劍士的基本戰術

- 只需一股腦劈砍,破壞日本刀的刀刃
- 我方的劍被刀砍斷的可能性極低,可以有效地運用武器防禦

刀的優勢

- 刀鋒銳利
- 重心配置適中,刀身彎曲,容易使用

武士的基本戰術

- 避免跟對方的劍互矽,尋找破綻伺機一擊決勝負
- 盡量讓敵人受到較淺的割傷,使其失血

＊ 立刃筋:從刀身斷面中心軸延伸出來的平面,跟揮擊軌道(圓弧運動)一致的時候,不但切斬效果最佳,刀刃也比較不容易損傷,這種操刀法就叫作「立刃筋」。換句話說,若操刀者本身下刀斬切物體的角度為45度,那麼刀子斬切出物體的角度也要趨近45度角。

關聯項目

◆細身劍～西洋劍→No.054

斧是蠻族的武器？

斧

斧乃屬斬擊系武器。其重心位於距離握柄較遠的斧頭，若無法用斧刃部位擊中目標的話，威力將會大大減半，因此並不容易掌握。斧兵器雖是由日常生活道具發展而成，但如果能夠運用自如，將會是非常恐怖的武器。

➤ 不易操作但威力強大

　　斧是在柄頭處裝設金屬刃部的武器。最早的斧是使用長約30公分的短柄裝設板狀的斧刃，外形近似於現今的**手斧**。手斧原是用來砍樹、劈柴、割草的道具，後來才逐漸應用在狩獵與戰鬥等場合。

　　作武器用途的斧除了要容易使用以外，同時還必須講究「威力」，因此斧柄愈變愈長，如此揮舞雙手專用斧兵器時才能把離心力轉化成殺傷力，並且便於全力揮擊。拜雙手持斧的前提所賜，自此斧兵器便可裝設巨型斧頭，進而特化出戰鬥專用的**戰斧**。

　　一般人大多認為斧兵器是維京人、印地安人（北美原住民）特有的武器，可是戰鬥用的斧其實跟**劍**、**槍**一樣，都是西洋騎士常用的武器。若持斧者無法以斧刃擊中目標便不能造成傷害，所以使用斧頭其實需要相當的技術；另一方面，斧的威力大於同體積的劍，亦可以有效地輔助劍與槍等武器。

　　隨著騎士的鎧甲愈趨強化，西洋亦同時演化出能有效打擊板金鎧甲的武器——**釘頭錘**。此時斧遂淪落為少數騎士的輔助性武器，直到法蘭克人（Frank）和維京人侵襲歐洲時才再度出現在戰場上。或許斧兵器的「蠻族的武器」形象跟異民族的風貌、戰鬥方式有關，但終究只是片面的刻板印象。

　　此後斧兵器的柄部仍不斷地愈做愈長，並演變成**長柄兵器**等大型武器；另外，**印地安擲斧**這種「可當作日用品使用的小型斧」也都一直有人使用。

斧的各部位名稱

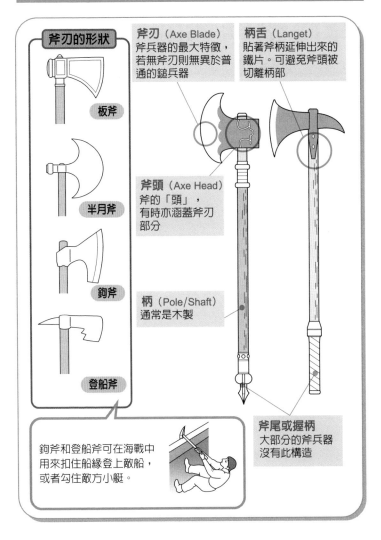

斧刃的形狀

板斧

半月斧

鉤斧

登船斧

斧刃（Axe Blade）
斧兵器的最大特徵，
若無斧刃則無異於普
通的鎚兵器

柄舌（Langet）
貼著斧柄延伸出來的
鐵片。可避免斧頭被
切離柄部

斧頭（Axe Head）
斧的「頭」，
有時亦涵蓋斧刃
部分

柄（Pole/Shaft）
通常是木製

斧尾或握柄
大部分的斧兵器
沒有此構造

鉤斧和登船斧可在海戰中
用來扣住船緣登上敵船，
或者勾住敵方小艇。

斧與劍何者較強？

倘若斧劍兩種武器交戰，斧的威力可謂是壓倒性地遠勝過劍，這是因為斧的前端設有沉重而堅固的刃部（斧頭），還能利用離心力「把斧頭的重量直接轉化成威力」。

➤ 「威力取勝的斧」和「精準見長的劍」

　　如果劍和斧正面交鋒，最後扭曲斷裂的絕對會是劍。斧兵器的優勢有：揮動時離心力產生加速度使威力大增，且刃部（斧頭）承受衝擊時可將衝擊力分散至柄部，便於持斧者全力揮擊；再者，斧頭既厚且重，輕輕鬆鬆就能把劍劈斷。大型的劍兵器或許也能「利用重量增加威力」，可是想要靠力量跟同尺寸的斧兵器一較高下，仍然是非常不利。樵夫都是用斧頭伐樹，若要他們拿劍做同樣的事情，祇怕並不容易。

　　那麼劍兵器是否絕對無法戰勝斧兵器？倒也未必。就同尺寸的武器而論，劍的「重心接近執柄處」，所以比較好掌控。此處所謂的好掌控，其實就是指能夠看準目標攻擊，並且便於防禦。像樵夫那樣「純粹砍樹」的情形姑且不論，想在戰鬥中隨心所欲地使用斧頭，可沒那麼簡單；再來是斧頭頗有重量，所以**正擊**破綻太大，而且斧的重心偏於斧頭，不適合使用**突刺**攻擊，如此一來使斧者就只能採取水平或八字等類似**橫掃**的進攻方式，但這樣攻擊模式卻又容易被敵人摸清。相反地，持劍者就可以視戰況選擇正擊、橫掃、突刺等各種攻擊模式，作戰方式相當變化多端。

　　使斧者與劍士對陣時，應該在對方採取敏捷的小幅度進攻態勢之前，趁早一擊分出勝負。劍威力雖低，精準度卻佔上風，所以時間拖得愈久對持斧者愈不利。使斧者亦可雙手各持一柄單臂便能揮擊的小型斧具，藉此減少武器重量造成的「破綻」；此法或許無法發揮出一擊必殺的威力，但至少可以維持跟劍同等級的破壞力。

破壞力 vs.容易掌控

斧的優勢

- 破壞力驚人
- 衝擊力會分散至柄部,可以放心全力揮擊

持斧者的基本戰術

- 以狂風暴雨般的攻勢殺得對手措手不及,一氣呵成分出勝負
- 攻擊敵方劍身、破壞武器

劍的優勢

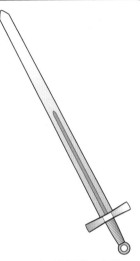

- 重心接近執柄處,容易掌控
- 攻擊模式多變化

劍士的基本戰術

- 避免武器互斫,尋找破綻趁隙攻擊對方要害,一擊決定勝負
- 攻擊斧柄與斧頭接合處、破壞武器

關聯項目

◆近身武器的攻擊方法→No.004

各式不同種類的鎚

鎚、棍棒、釘頭錘、連枷

鎚是指將物理衝擊力轉化成殺傷力的打擊系武器。「手拿的石器」、「獸骨或木棍木棒」可謂是最原始的毆擊武器,而鎚正是由這些武器組合發展而成。

➤ 只需振臂揮擊即可

鎚可以說是「打擊系武器代名詞」。雖然通常給人「不會使劍者的代用武器」的印象,但將鎚高舉過頂用力砸下的「重量」,對敵人而言是很嚴重的威脅,而且對付劍、槍等武器相當有效的「**接擋**」、「**卸力**」等**防禦模式**亦不適用於鎚兵器,因此鎚是種非常恐怖的武器。

鎚的形狀不止千百種,其中最常見的便是鎚頭打橫的T字鎚。這種鎚就像是鐵匠所用鐵鎚的大型版本,有些鎚還會把鎚頭其中一端設計成鳥喙般的鐵鎬,用以突破金屬製成的板金鎧甲。改良為戰鬥用途的「T字＝鐵鎚型」鎚兵器又叫作**戰鎚**,許多戰鎚還會用金屬補強柄部,藉以增加武器強度。隨著鐵鎚型的鎚兵器不斷巨大化,各類鎚兵器的大小規格也愈來愈參差不齊。另一方面,筆直的「棍棒型」鎚兵器則普遍以單手可以使用的尺寸為準,因為棍棒型鎚兵器大多是騎士的備用武器,最常被使用於騎馬的近身肉搏戰。棍棒型鎚具的代表性武器當屬**釘頭錘**,亦稱鎚鈸(鎚矛)。釘頭錘的頭部設計非常多,有些是使用排列成放射狀的凹凸鐵板,有些則是裝設**流星錘**。

最後還有結合鐵鏈與鐵球的砲彈型鎚兵器。這種武器酷似田徑運動鏈球的「附握柄(把手)的鐵球」,也酷似拆解建築物常用的「大鐵球」,可讓使用者安然處於敵人攻擊範圍外,利用偌長的鐵鏈發動攻擊。此類武器以日本的「鎖分銅」*為代表,不但設計簡單、頗受武術高手愛用,而且舞動鐵鏈的架式還能給人留下深刻印象,在虛構作品世界中亦頗受歡迎。

鎚的形狀與種類

鐵鎚型（Hammer Type）

鎚頭（Hammer Head）
產生打擊力的部位。有些鎚兵器會把其中一端設計成尖鎬狀

棍棒型（Club Type）

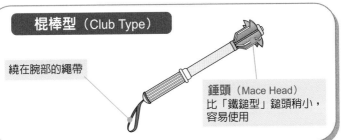

繞在腕部的繩帶

錘頭（Mace Head）
比「鐵鎚型」鎚頭稍小，容易使用

砲彈型（Chain Type）

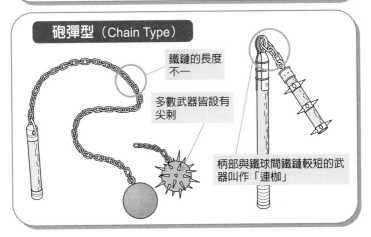

鐵鏈的長度不一

多數武器皆設有尖刺

柄部與鐵球間鐵鏈較短的武器叫作「連枷」

※ 鎚分銅：即萬力鎖，是種在鎖鍊兩端設有秤砣的武器。

關聯項目

◆ 近身武器的防禦方法→No.005
◆ 流星錘之有效性→No.013
◆ 鎚鉾～釘頭錘→No.037
◆ 戰鬥用鎚～戰鎚→No.043

流星錘之有效性

釘頭錘、晨星錘

許多打擊武器為使「揮舞武器的離心力轉化成破壞力」，便紛紛把武器前端的構造巨大化，同時也有許多武器另外添加了密密麻麻的尖刺設計。究竟這些鐵刺有何用意？

➤ 鐵刺可不只是嚇唬人而已

鎚系武器中帶有尖刺構造的武器確實不少，而「刀身佈滿尖刺的**劍**」、「斧頭上附有尖刺的**斧**」卻相當罕見。**棍棒、釘頭錘、連枷**等武器使用尖刺的機率明顯地高出劍、斧許多；而所謂使用機率較高，是指鎚系武器比劍、斧更有「設置尖刺之必要」。

相信應該沒有人會對尖刺的「威嚇效果」有所存疑。普通人要是遇到剃著大光頭或龐克頭的混混，手拿著滿是尖刺的棍棒威脅恫嚇自己時，喪失戰鬥意志也是無可厚非。然若使用尖刺的理由僅止於恫嚇，那在劍、斧上應該也可以設置更多的尖刺才是。

其實鐵刺的尖端都相當銳利，有「將殺傷力集中於單一點」的效果，而尖狀武器的代名詞**槍、刺劍**固然是相當實用的武器，可是想要順利刺中目標，必須事先經過一番訓練，且這些武器都僅僅只有一個「鋒頭」而已；相反的，表面積較大的鎚系武器能設置許多增加殺傷力的「鋒頭＝尖刺」。此外，鎚系武器只消「揮擊」便可，即便使用者徒具體力、技術不佳也能使用，這些特點更使流星錘類兵器聲勢高漲。

再者，大部分的帶刺鎚系武器還能無視於鎧甲的存在，直接給予打擊，相當方便好用。當然槍和刺劍同樣也能「穿透裝甲」，可是萬一鋒頭折損就沒戲唱了，但流星錘就算尖刺全數脫落，也只不過是又變回「普通的鎚」，還是可以充分發揮擊潰鎧甲、粉碎敵人內臟骨骼的驚人威力。

為什麼要裝設鐵刺？

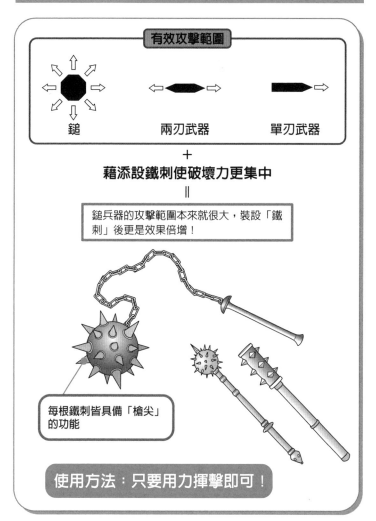

有效攻擊範圍

鎚　　　　　　　兩刃武器　　　　　　單刃武器

＋

藉添設鐵刺使破壞力更集中

‖

鎚兵器的攻擊範圍本來就很大，裝設「鐵刺」後更是效果倍增！

每根鐵刺皆具備「槍尖」的功能

使用方法：只要用力揮擊即可！

關聯項目

◆劍有何特徵？→No.007
◆斧是蠻族的武器？→No.010
◆槍是騎兵的武器，還是步兵的武器？→No.015
◆專司突刺的劍～刺劍→No.057
◆連結式棍棒～連枷→No.030

◆各種棍棒→No.036
◆鎚鉾～釘頭錘→No.037

可供偷藏夾帶的武器

小型武器可以藏在懷裡、靴子裡,或者夾帶在行李裡。此類武器不光是「戰鬥中的輔助手段」、「為免遭遇不測的保險措施」,還經常被用作一擊必殺的「暗殺工具」。

➤ 偷藏武器是卑鄙的行徑?

戰鬥時隱藏武器之目的,是想要造成「奇襲或牽制的效果」,因為近身搏鬥的基本準則,便是要先評估、比較敵我雙方的武器,視何種交戰距離對自己比較有利,然後才開始戰鬥。

假設我方武器比較巨大,那麼敵人通常會採取縮短距離「試圖殺近」的戰法。此時如果身上藏有**針**等能擾敵耳目的武器,就可以趁敵人殺進重圍,稍有鬆懈時襲擊之。倘若祕密武器的重心經過特別調整設計而適於投擲,還能同時兼顧「至近距離的奇襲」與「遠距離的牽制」兩種作戰模式。如此一來,敵人就必須等到我方使用祕密武器的那一刻才知道「應當保持什麼樣的距離、如何對處」,對他來說極為不利。

在非戰鬥狀況下,「武器方便攜帶」就會變得比前述奇襲效果來得更加重要,因為文明社會裡有許多「不得攜帶武器的場所」。這些非武裝地帶不相信只要把「武器掛在腰際就會產生恫嚇效果,進而遏止無益的戰端」的說法,而是服膺「所有人皆不持有武器,就不會有爭端」的思想。夾帶武器進入此類場所頗具風險,若是被發現會受到相當程度的懲罰,但當所有人手無寸鐵的時候,唯獨自己擁有武裝時,不論精神面、實質面都是相當大的優勢。

隱藏武器「難以掌握距離」、「憑空取出武器」的優勢,亦頗受篤信「出其不意、攻其不備」鐵則的暗殺者等職業人員青睞。不過隱藏武器的實用性、威力大多略遜於普通武器,若未能一擊打倒敵人,恐怕會演變成一場苦戰。

藏匿武器的理由

戰鬥中的優勢

至近距離的奇襲

• 突然取出「原本不存在」的武器，使對方難以躲避

遠距離的牽制

• 對方在自以為「不可能被攻擊」的攻擊距離下，
  意外遭受攻擊難以躲避

出乎敵方意料→我方卻已經事先推想

能使戰況愈趨有利

平時的優勢

擁有在「不得攜帶武器的場所」持有武器的安全感
→不論發生什麼事都能冷靜應對

暗殺者使用隱藏武器就是想將前述優勢發揮至極致，藉以達成
目的。
然而如果無法用「最初的一擊」打倒敵人，戰況將會變得相當
不利我方，所以還可利用替武器餵毒等手段，以智取勝！

關聯項目

◆終極的突刺武器～針→No.069

No.015

槍是騎兵的武器，還是步兵的武器？

矛、騎兵長矛、長槍、標槍

槍屬於突刺系武器，自古便被當作狩獵的道具，可以從比劍斧更遠的距離攻擊獵物。槍亦可當成飛行道具投擲使用，並因其攻擊力強大和容易訓練兩大優點，而廣受各國軍隊愛用。

> ➤ 從敵人攻擊範圍之外採取先制攻擊

　　槍是種構造非常簡單的武器，只是在長形的棍棒（槍柄）前端裝設金屬刃而已。前端的刃部叫作「槍頭」，大體可分成僅具突刺功能的錐狀槍頭，以及兼顧突刺、切斬功能的刀狀槍頭。騎士的突擊用槍**騎兵長矛**和步兵投擲用的**標槍**屬於前者，日本騎馬武者所用的**素槍、鎌槍**等則屬後者。刀狀槍頭的槍器更是**長柄兵器**之原型，從而發展出各式形形色色的武器。

　　不論對騎兵抑或步兵而言，槍都是非常有效果的武器。

　　騎兵的存在意義，便在於能將「馬的機動性、衝刺能力」利用在戰鬥當中，但同時又背負必須保護馬匹不受敵人攻擊的制約條件；對騎兵來說，槍這種「可以從馬背上攻擊遠方敵人」的武器，是相當理想的裝備。由於騎兵與馬匹在馬鐙未發明以前尚無法緊密結合，即便騎兵採取「突擊」亦無法將馬匹的衝刺速度傳達至槍尖；然而騎兵和馬匹因為馬鐙得以合為一體以後，便可將「騎士和馬的體重+衝刺力」轉化成槍的殺傷力，發揮非常驚人的破壞力。

　　另一方面，步兵裝備的槍則是對抗「騎兵與槍的組合」相當有效的防禦性武器。步兵面對騎兵策馬急襲而來，就會排成橫陣斜舉比騎兵更長的槍，把槍尾插進地面，用腳踩住固定，如此騎兵就會被自身的衝刺力量推向這面「槍壁」而自滅，步兵根本不需費力舉槍戳刺，因此這種槍陣是名符其實的「對付騎兵的鐵壁」。此用途的長槍勢必要比騎兵的槍長，有些的長度甚至超過4公尺。此外，為避免槍頭被騎兵挑起，步兵槍陣有時也會選擇「槍柄朝上槍頭朝下」的佈置，搭配普通陣法運用。

槍的各部位名稱

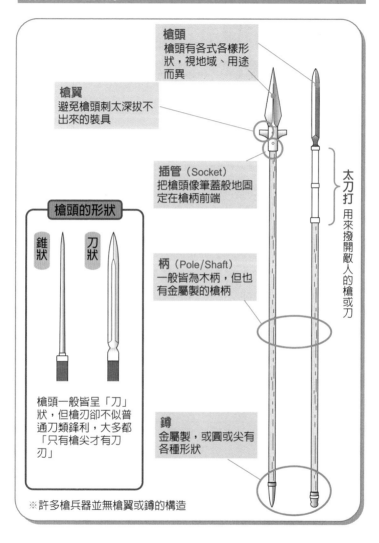

槍頭
槍頭有各式各樣形狀，視地域、用途而異

槍翼
避免槍頭刺太深拔不出來的裝具

插管（Socket）
把槍頭像筆蓋般地固定在槍柄前端

柄（Pole/Shaft）
一般皆為木柄，但也有金屬製的槍柄

鐏
金屬製，或圓或尖有各種形狀

太刀打 用來撥開敵人的槍或刀

槍頭的形狀

錐狀

刀狀

槍頭一般皆呈「刀」狀，但槍刃卻不似普通刀類鋒利，大多都「只有槍尖才有刀刃」

※許多槍兵器並無槍翼或鐏的構造

關聯項目

◆何謂長柄兵器？→No.017
◆西洋騎士的突擊槍～騎兵長矛→No.044
◆日本槍之基本型～素槍→No.045
◆戰國武將專用長槍～鐮槍→No.046
◆投擲槍～標槍→No.073

槍與劍何者有利？

那當然是攻擊距離較長的槍壓倒性地比劍有利許多。但如果是在「至近距離」發生戰鬥，就無須考量攻擊範圍等條件。不過這種情況亦僅限於奇襲或暗算而已，大可忽略。

➤ 劍是否無法取得先機？

　　槍和劍兩者交兵，其實就像「大人跟小孩打架」沒兩樣。此二者的臂長有幾近絕望的嚴重差距，不管小孩再怎麼努力，永遠都只有先被大人打到的份。敵我交戰時都要先「從遠處互相觀察打量一番」，所以攻擊距離較長的槍可以趁著「劍士慢慢縮短距離至其攻擊範圍」時，單方面進行攻擊。

　　儘管對槍而言「距離愈短愈為不利」，但距離其實是個相對的概念；如果劍士試圖縮短距離，那麼持槍者應該就會同時退開，保持相同距離。雖然人的背後沒有長眼睛，而且後退的速度又沒前進來得快，但持槍者只需保持一定的距離，根本不需要「老老實實的直直向後退」，只要配合對方向前踏的腳步，看是要往左或往右閃避都可以。這也就是說，劍士要拉近距離就只能「前進」，相對地持槍者卻還有視狀況選擇的餘地。

　　槍和劍同樣都能砍能刺、攻擊模式頗為相似，不過始終都是攻擊距離較長的槍佔盡上風。

　　如果選用**雙手劍**這種又長又大的劍兵器，有效攻擊範圍固然會變得比較廣，可是此劍又重又不好使，往往反而被持槍者掌握交戰的主導權。

　　劍唯一的優勢，大概就只有雙方皆以**武器破壞**或**擊落武器**為作戰目的時，「劍攻擊槍」會比「槍攻擊劍」更容易擊中目標，而且此處指的劍還僅限於**闊劍**、**長劍**這種「揮砍攻擊的劍」而已。想要用**刺劍**等突刺系的劍兵器把槍破壞、擊落，成功的可能性根本是微乎其微。

攻擊距離vs.容易使用

槍的優勢

- 趁敵方攻擊未至,取得先機
- 即使不發動攻擊,槍的長度仍可有效牽制敵方行動

持槍者的基本戰術

- 保持距離不讓敵人接近
- 若被敵人欺近身來,可運用棒術舞開槍柄,再次拉開距離

劍的優勢

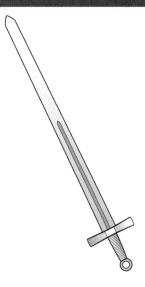

- 可視戰況隨機應變

劍士的基本戰術

- 砍斷槍頭或槍柄,採「武器破壞」策略（需視劍的種類而定）
- 把敵人引進室內或森林等長槍無法施展的場所

關聯項目

◆寬刃劍～闊劍→No.025
◆武器破壞→No.041
◆雙手持用的劍～雙手劍→No.042

◆三尺劍～長劍→No.056
◆專司突刺的劍～刺劍→No.057
◆如何有效擊落武器？→No.071

何謂長柄兵器？

長柄武器

長柄兵器是以槍為原型，融合劍、刀、斧、鎚等各種機能的武器。長柄兵器基本上是以雙手使用、組合起來的武器，可以變化運用突刺、斬擊、打擊等性質，在眾多近身武器當中擁有頂級的威力。

➤ 成為戰場主力的複合武器

長柄兵器是由步兵用長**槍**發展而成的武器，其泛指在長棍（柄）前端裝設「槍頭」、「斧刃」、「鉤爪」等構造的大型武器，又叫作棹狀武器、長柄武器、長兵。

步兵專用的槍能夠當成戰術上「對付騎兵的鐵壁」的使用武器，是因為步兵槍比騎兵槍更長，有效攻擊距離比較有利的緣故。可是時日稍久，騎兵隊不再傻傻的只從正面突擊，而且敵方還會派遣相同的步兵槍部隊前來交戰，於是步兵才會在長槍前端增設斧頭用來砍擊敵兵。於是這種「槍＋斬擊用刃部」的型態便成為長柄兵器之基本形，並逐漸發展演變出各式各樣不同的武器組合。長柄兵器既是以槍為原型，其戰術必然是「有效利用長柄優勢先發制人」，但長柄兵器既然比槍多出許多構造，也會增加武器的使用難度。持長柄兵器者若是被敵人殺近身，其足以對應的方法會比持槍者更加有限，此時最好能俐落地改持**短劍**等小型武器對敵方為上策。此外，長柄兵器必須雙手持用，因此也無法持盾。

雖然長柄兵器可以採取**橫掃**，一舉打倒周圍敵人的強力戰法，此法卻有波及附近戰友的風險。由於這類武器比長槍更常使用「揮擊」，故若想充分發揮其機能，開闊的空間是不可或缺的條件。當然，長柄兵器同樣也無法在森林、室內等充滿障礙物的場所，或者在洞窟等密閉空間裡有效地施展。從中世紀到文藝復興時期，長柄兵器一直都是相當發達的主要步兵武器；其中**瑞士戟**更有「最完美的長柄兵器」之稱，在鎗炮發明以後仍經常被使用在各種儀式場合當中。

長柄兵器的各部位名稱

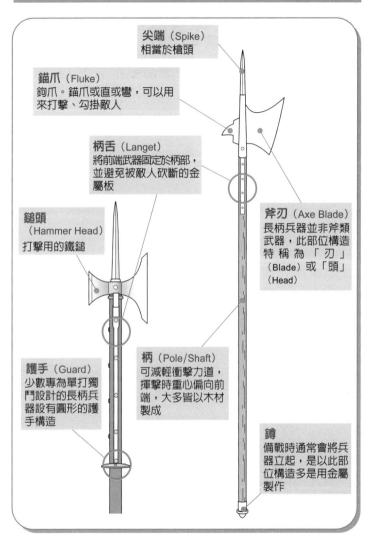

尖端（Spike）
相當於槍頭

錨爪（Fluke）
鉤爪。錨爪或直或彎，可以用來打擊、勾掛敵人

柄舌（Langet）
將前端武器固定於柄部，並避免被敵人砍斷的金屬板

斧刃（Axe Blade）
長柄兵器並非斧類武器，此部位構造特稱為「刃」（Blade）或「頭」（Head）

鎚頭（Hammer Head）
打擊用的鐵鎚

護手（Guard）
少數專為單打獨鬥設計的長柄兵器設有圓形的護手構造

柄（Pole/Shaft）
可減輕衝擊力道，揮擊時重心偏向前端，大多皆以木材製成

鐏
備戰時通常會將兵器立起，是以此部位構造多是用金屬製作

關聯項目

◆近身武器的攻擊方法→No.004
◆槍是騎兵的武器，還是步兵的武器？→No.015
◆融合斧與槍的武器～瑞士戟→No.047
◆小型劍～短劍→No.032

41

槍與長柄兵器的分界線

若以「前端適用於突刺、切斷戰法的長柄武器」之定義進行檢驗，槍和長柄兵器可說是同種的武器。若從歷史面而論，長柄兵器是由槍發展而成的武器，但兩者究竟可否歸納為同類？

➤ 長柄兵器的分類基準

想要明確的在槍和長柄兵器間劃出一條界線，可不是件容易的事。筆者固然奢望能直接把槍定義為「僅具突刺單一機能的武器」，把長柄兵器定義為「具突刺、切斬、勾掛等複數機能的武器」區別二者，但日本**鐮槍**也叫做「槍」，使用的卻是可斬可勾的多功能型槍頭，而許多武器專書皆分類到長柄兵器的西洋武器——**步兵連枷**卻只有一種機能（非「突刺」而是「毆擊」）。這種依「機能」區別二者的分類法，難以清楚的劃定槍與長柄兵器的界線，直至今日，許多專書、研究書籍也都各有不同的分類法。

還有一種「從形狀判斷其用法」分類的區別法。此時「前端設有可突刺的槍頭，且突刺最能發揮其威力的武器」就算是槍，「武器構造適於水平、垂直揮擊，而其他攻擊法都能達到跟突刺同等或更佳效果的武器」就算是長柄兵器。

舉例來說，鐮槍和**薙刀**同是「長柄前端置有刃部、可戳刺可切斷的武器」，但若沿用前述區分法，「雖可切斷但突刺殺傷力最強」的鐮槍就屬於槍類，而「雖可戳刺但彎刀構造可使切斷發揮最大威力」的薙刀就要歸類為長柄兵器。

槍與長柄兵器之間的界線打從一開始就曖昧不清，這些分類法恐怕無法使所有人信服，不過倘若在戰場上兵戎相見，屆時勢必要思考如何應對，是故重視「用法」而非「機能」的分類法應該會比較符合實戰需求。

槍與長柄兵器要如何分類？

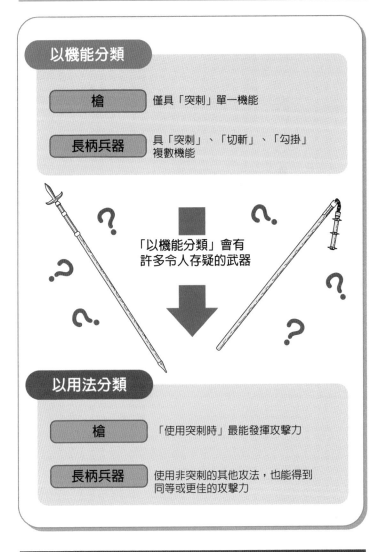

以機能分類

| 槍 | 僅具「突刺」單一機能 |

| 長柄兵器 | 具「突刺」、「切斬」、「勾掛」複數機能 |

「以機能分類」會有
許多令人存疑的武器

以用法分類

| 槍 | 「使用突刺時」最能發揮攻擊力 |

| 長柄兵器 | 使用非突刺的其他攻法，也能得到同等或更佳的攻擊力 |

關聯項目

◆戰國武將專用長槍～鐮槍→No.046
◆日本特有的槍形刀～薙刀→No.075
◆長柄連結式棍棒～步兵連枷→No.048

No.019

遠距離攻擊用武器「投射武器」

「Missile Weapon」字面看起來滿嚇人的，但其實就是指箭矢、石頭等投擲物。在鎗炮等近代武器尚未普及之前，投射武器向來都是戰場上的主角，可以讓欲採接近戰術的劍士和槍兵無法靠近。

➤ 從長槍也搆不到的距離單方面攻擊

投射武器就是所謂的「飛行道具」。在日本時代劇等戲劇裡經常可以聽到「使用飛行道具是小人行徑……」等台詞。的確，我們大可以說旨在「從敵方武器範圍外發動單方面攻擊」的投射武器是種卑鄙的武器；可是撇除習武者決鬥跟騎士單挑這種「以榮譽、靈魂尊嚴為賭注的戰鬥」不論，生死相搏的戰場上根本無所謂卑不卑鄙；投射武器在短兵相接前能夠削減敵方戰力的效果，使其得以在鎗炮發明普及以前一直佔據著戰場的主要地位，就是足茲證明此論點的不爭事實。

「弓箭」是最普遍的投射武器。可以分成西洋**長弓**與日本長弓等人力引弦式的弓箭，以及將拉滿弦的弓固定於手鎗形狀或狙擊鎗形狀的台座上，用持鎗射擊要領瞄準發射的**十字弓**式弓箭兩種。長弓可以在短時間內連續射擊，因此多見於野戰，用箭雨襲向敵軍（日本的騎馬武者可以在馬背上使用長弓，故能採取高機動性的遠距離攻擊）。十字弓近距離下的威力與命中率相當驚人，可是弓弦太強不適合連續射擊，是以多用於城寨等防禦戰。

在弓箭成為主流以前，人類亦曾使用過**標槍**等投擲用槍，可惜擲槍體積較大、可攜數量不多，射程也很有限，但其命中時的殺傷力相當大，插進盾牌亦可收到限制敵人行動的效果，同樣也是頗為有效的武器。利用離心力加速石頭的**投石索**、手裡劍、飛刀等**投擲刀具**、小型箭矢**飛鏢**等也都屬於投射武器。

投射武器之變革

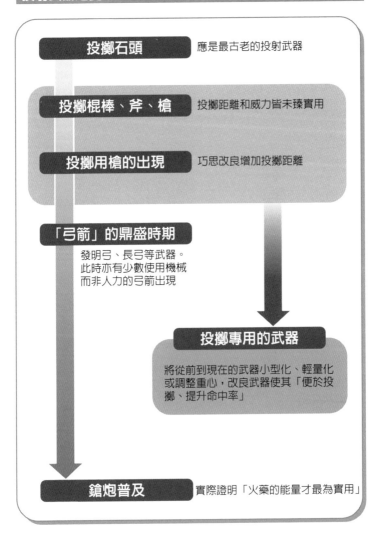

投擲石頭 — 應是最古老的投射武器

投擲棍棒、斧、槍 — 投擲距離和威力皆未臻實用

投擲用槍的出現 — 巧思改良增加投擲距離

「弓箭」的鼎盛時期
發明弓、長弓等武器。
此時亦有少數使用機械
而非人力的弓箭出現

投擲專用的武器
將從前到現在的武器小型化、輕量化
或調整重心，改良武器使其「便於投
擲、提升命中率」

鎗炮普及 — 實際證明「火藥的能量才最為實用」

關聯項目

◆投擲石塊的繩索～投石索→No.049　　◆一發必中～飛刀→No.079
◆弩～十字弓→No.050　　　　　　　　◆長弓→No.082
◆投擲槍～標槍→No.073

近身武器的取得方法

如果要戰鬥，當然就要想辦法得到武器，而取得武器的方法非常簡單——不是「接收既有武器」，就是「從零開始打造」。

> 應該選擇既成品或特製品？

選擇「接收既有武器」者，首先可以請持有者把武器讓給自己，或是用金錢等代價交換武器、用暴力或權力強行取得武器等手段，都是很常見的方法。雖說循此途徑取得的武器不是「武器店販賣的量產品」就是「別人用過的二手貨」，但是這些既成品的威力卻不容小覷。這些武器使用起來的感覺稱得上是「整體皆相當平均」，對一般中等身手習武者來說也許正恰恰好也說不定。再說，搞不好哪天真這麼幸運巧遇古時名匠製作的「驚世名器」從天而降，或是意外獲得有什麼歷史淵源的「傳說武器」，也非絕無可能的事，所以千萬不可等閒視之。

選擇「從零開始打造武器」者，除了自行蒐集材料製作武器，就是要委託鐵匠等專家打造。如此固然可以獲得適合自己的「專用武器」，但曠日費時卻是最大的缺點。若只是湊合著用的**代用武器**倒不打緊，真要製造堪用的武器少說也要耗費數日至數個月，搞不好還要數載時光，才能打造出可以一直用到壞為止的良質品。此外當然可以選擇「改造既成品」，不過在這時代背景下的武器就構造而言，並不像現代的「槍」可以拆解、加裝特製零件，若只是截短武器長度、握柄加設防滑設計這種程度的改裝那倒還好，大規模改造到頭來還是跟「從零開始打造武器」同樣費事。

姑且不論是要接收既有武器還是要自行打造，有時候尋求武器者的身分、社會地位也是個問題。尤其**劍**在大多數社會體制下皆被視為「地位之象徵」，西洋便禁止非自由人佩劍，日本江戶時代的平民亦不得持有2尺以上的**刀**。

如何取得武器？

取得既有武器的方法

| 請持有者讓給自己 | ＝完成對方委託，或與其交好 |

| 金錢購買（購於店舖） | ＝支付金錢、勞力等代價 |

| 奪取 | ＝用權力或暴力佔為己有 |

- 不是「別人用過的二手貨」，就是「既成品」
- 有固定程度的品質保證
- 說不定可以獲得從前名人製作的名器

從頭開始打造的方法

| 自行製作 | ＝品質令人擔憂 |

| 委託鐵匠 | ＝所需時間及經費相當驚人 |

改造既有武器

- 只有簡單的改造比較可行
- 大規模改造跟從零打造武器同樣費事

自衛的權利不平等？

不論取得武器的方法為何，都要遇到「社會地位」的問題。除了流氓混混橫行無忌的治外地區以外，文明社會通常只有具備一定身分、社會地位者，才能購買武器。

關聯項目

◆劍有何特徵？→No.007　　　　◆沒有武器！該怎麼辦？→No.085
◆日本刀是什麼樣的武器？→No.008

切勿怠慢武器保養

武器既是道具，不保養便無法維持其機能。此處所謂「機能」當然就是指殺傷力而言，疏於保養的武器便無法一擊打倒敵人，無端奉送敵人反擊的機會。

磨礪武器刃部

　　習武者應該常用磨刀石磨礪兵刃，維持武器的鋒利度。磨刀石是用來鉋削、磨礪金屬等物質的工具，每間製作整備武器的工房或打鐵舖必定都有一塊。一般磨刀石都是薄瓦大小的塊狀物，但也有小型磨刀石，可以讓出門在外的使用者研磨刀刃。

　　在日本人的固有觀念裡，研磨刀刃就是要「將磨刀石置於地面或平台上、灑水濡濕後，持刀刃在磨刀石表面來回磨礪」。實際上**日本刀**的確是如此磨砥刀刃，其他像小刀等重視「鋒利度」的小型刀也是使用這種研磨法。然而這種需要平坦場地和清水的研磨法在西洋並不常見，倒是以「手持不沾水的磨刀石，好似描摹刃部輪廓般磨砥」的研磨法為主流。

　　西洋的刀劍斧並非像日本刀一樣是講究「鋒利度」的武器，所以只要能將刃部表面的鐵鏽和油脂刮落便能維持武器機能。如果把這種武器磨成吹髮可斷的利刃，反而會大大減低武器的強度。刃部磨過以後還要上油才能收入鞘，如果油抹太多，將使武器砍中敵人鎧甲時容易滑動，無法造成傷害，所以保養時必須斟酌的油量。有些無鞘的武器甚至可以不用抹油，像**長柄兵器**這種武器其實也不必需要怎麼仔細保養。

　　長弓等**投射武器**雖不需磨砥刀刃，卻也是要時時檢查弓弦張力、細心保養，避免弓身太過乾燥而產生龜裂。投射武器的保養狀況將會直接反映在命中率上面，無法命中目標的飛行道具根本就沒有存在的價值。像**十字弓**這種有「發射裝置」構造的武器，更必須注意保養，以免無法順利運作。

刀刃的研磨方法

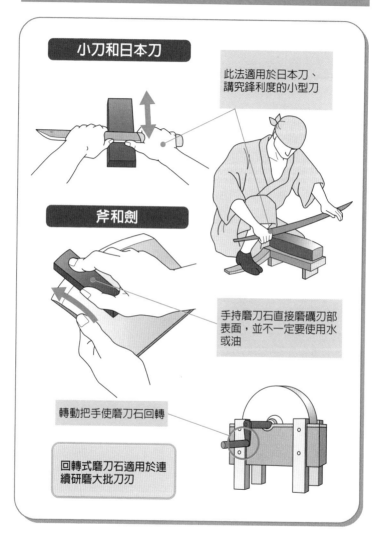

小刀和日本刀

此法適用於日本刀、講究鋒利度的小型刀

斧和劍

手持磨刀石直接磨礪刃部表面,並不一定要使用水或油

轉動把手使磨刀石回轉

回轉式磨刀石適用於連續研磨大批刀刃

關聯項目

◆日本刀是什麼樣的武器?→No.008
◆何謂長柄兵器?→No.017
◆遠距離攻擊用武器「投射武器」→No.019

◆弩～十字弓→No.050
◆長弓→No.082

鎗比劍強？

有句話是這麼說的：「鎗比劍強」。鎗可以從劍的有效距離外單方面進行攻擊，持劍者根本就是一籌莫展。

兩者僅就武器用途而論，很遺憾地，持劍的一方確實比較不利。首先最顯而易見的就是射程差距。相對於鎗可以從遠處攻擊，劍卻必須接近敵人才能交戰。以此類推，持劍者只要欺近敵身便能取得壓倒性的優勢嗎？倒也未必。持鎗者只消把鎗口對準敵人，就能造成對方的傷害，而使劍不管是前踏、揮擊、重心移動等，都必須運用全身的力量才能造成有效的殺傷效果。在手腕被斬斷或腳骨折斷的狀態下，劍的威力會很明顯的減退，但鎗卻不會；講得誇張點，只要持鎗的手腕還能動的話，便已足夠打倒敵人。

曾經有個電視節目進行「用手槍射擊固定住的日本刀，結果子彈被剖成兩半，實際證明日本刀的驚人強度」的實驗。日本刀的「鋼」製刀身本來就比手槍的「鉛」製子彈要得堅硬，也沒有人會就這麼老老實實地朝著日本刀的正面「與刃身呈直角」的方向射擊。至於劍「不會發出聲響」、「能用比鎗更精簡的動作攻擊」的優點，除非訓練有素者又恰巧遭遇到能夠活用前述優點的狀況，否則也是毫無意義。再者，該節目若是以持劍（刀）者具備這種專業的超絕技能為前提進行驗證的話，那麼勢必也應該要聘請通曉鎗型*的專家來用鎗才算公平。

然而若將其視為「生存道具」，劍卻也未必不如鎗。鎗確實是極具威力的殺傷器具，卻是種自我完結性頗低的生存道具。

在保養方面，劍只要有「油」與「磨刀石」便可避免生鏽，鎗卻必須同時顧及張羅彈藥、補給備用零件等，才能維持其機能。即便重新打磨佈滿鐵鏽的劍無法使其100%回復原來機能，但這至少仍在個人能力可及的範圍內，而且劍就算折斷也還有再利用的價值。除使用者以外，鎗還必須仰賴有效的後勤補給始得發揮其機能。然而，想要單憑一己之力備齊鎗的彈藥與零件，可是件不容易的事。

持鎗作戰其實正如向金主借錢經營事業，固然可以開創大事業，但只要金主的資金不斷，不久就會河涸海乾。反觀劍的事業規模雖小，自我資本比率卻達100%。光就事業計畫（＝修行或訓練的方法）而言，劍要跟持鎗者互別苗頭也非絕無可能。若以適合軍隊及各組織配備的「殺傷用武器」來看，則鎗確實是比劍強沒錯；但如果是武藝嫻熟的強者要挑選「託付性命的伙伴」，劍的選擇率也決計不在鎗之下。

---

* 鎗型（Gun Kata）：電影《重裝任務》（Equilibrium）中的虛構武術，融合東洋武術和槍的技術，是武術家為模擬實戰場合、增加協調性、強化肢體合理性等目的創作出來的整套連續動作；它是一套「將鎗枝視為完全武器」的戰鬥技術，並進一步整合體術、劍術，無論近距離的肉搏或是遠距離的鎗戰，都極端講究動作的精確性，讓身體受到的損害降到最低，並造成對手最大的傷害。電影《紫光任務》（Ultraviolet）和遊戲『惡魔獵人』（Devil May Cry）系列都用到。

第 2 章
力量型武器

「力量型武器」與力量型戰士

持武器作戰者大多都是肌肉狀碩的彪形大漢，身上裝備著各種沉甸甸的武具，在戰場上大殺四方。像這種能輕鬆舞動重武器的「力量型戰士」，究竟偏好使用什麼武器？

➤ 利用打擊力及重量壓制對手的武器

所謂武器，其實就是為貫徹自身立場而存在的暴力裝置。遭遇到有理說不清的對象時，武器是可以運用力量使其屈服的手段，同時也是昭示我方強大武力的道具。欲達到前述目的，毫不容情「徹底擊潰對手」是最有效的行動。此舉不但能恫嚇對方，還能對周遭眾人大肆誇示自己的「力量」。

「力量型武器」正是這種最貼近「武器本質」的武器，此類武器幾乎都是堅硬沉重且龐大。使用者僅限於「擁有過人肌力與體格者」，配合驚人肌力和武器的重量產生加乘效果，使每一記劈擊都發揮出極度恐怖的威力。

在眾多力量型武器當中，**戰斧**與**釘頭錘**等「重心偏向前端的武器」，堪稱是唯有力量型戰士才能善加使用的武器；力量不足者恐怕只有被弄得東倒西歪的份，但力量型戰士卻能輕而易舉揮舞這些重武器。武器前端設有鐵鎬構造的**戰鎚**還能把打擊力集中在單一點，貫穿硬實的鎧甲，威力更是如虎添翼。

像**瑞士戟**等大型武器，以及**雙手劍**這種以雙手持用為前提的武器，都具有能充分發揮肌力與體格優勢的特點，所以也很適合力量型戰士使用。除此以外，力量型戰士還可以使用必須單手不斷揮舞沉重武器的**二刀流**。

力量型戰士的戰鬥方式就是要「不斷給予最大程度的殺傷力」；即便敵人穿著鎧甲也要使盡全力擊垮對方，憑著一擊必殺的氣勢接連使出**正擊**、**橫掃**。此舉不但必須具有相當的肌力，還要有異於常人的體格。再者，揮擊如此龐大的重武器勢必會產生許多破綻，因此使用者尚需具備足以承受敵方某種程度反擊的肉體耐力。

力量型戰士適用的武器

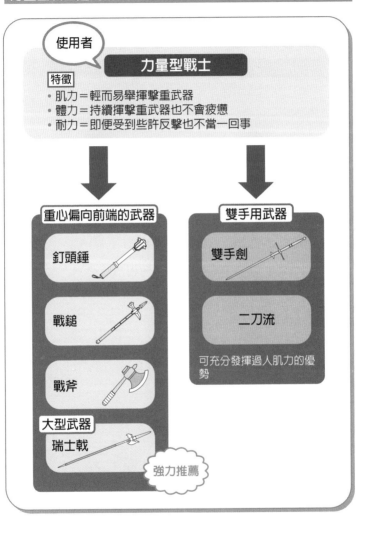

使用者

力量型戰士

特徵
- 肌力＝輕而易舉揮擊重武器
- 體力＝持續揮擊重武器也不會疲憊
- 耐力＝即便受到些許反擊也不當一回事

重心偏向前端的武器

釘頭錘

戰鎚

戰斧

大型武器

瑞士戟

強力推薦

雙手用武器

雙手劍

二刀流

可充分發揮過人肌力的優勢

關聯項目

◆近身武器的攻擊方法→No.004
◆戰鬥用斧～戰斧→No.035
◆鎚鉾～釘頭錘→No.037
◆雙手持用的劍～雙手劍→No.042
◆戰鬥用鎚～戰鎚→No.043
◆融合斧與槍的武器～瑞士戟→No.047
◆二刀流→No.068

劍身形狀與材質的關係

武器的材質——鐵的強度是個非常重要的因素。尤其對整柄武器幾乎都是用鐵製成的「劍」來說，材質強度更是對劍身形狀有極大的影響；後來鋼的發明更使劍的外形產生了相當大的變化。

➢ 寬劍容易缺乏強度？

劍的外觀——特別是劍身的寬度——跟用法有非常重要的關係。粗略來說，劍身較寬的劍比較適用**正擊**、**橫掃**攻擊，細劍則較適用於**突刺**攻擊。然而人類其實到了發明鋼以後，才掌握足夠技術製造出頗具強度的細劍；在此之前，所有劍的劍身全都是又寬又粗的笨重模樣。

鋼尚未發明以前，人類普遍都是利用「淬火」來強化劍（鐵）的硬度。所謂淬火，便是將燒紅的鐵放進水或油等物質內，使其急速冷卻，令表面鐵質碳化，藉以增加強度。但淬火法只能強化鐵的表面，芯裡面仍舊是同樣柔軟脆弱。

淬火鍊成的劍經過多次跟硬物碰撞、與劍互斫後，終究還是會折斷或彎曲變形，是故必須將劍身——尤其劍身根部加寬，以圖提升強度。

加寬劍身雖可提升強度，卻也會增加武器重量，於是鑄劍者遂在劍的表面增設「血溝」構造以調節重量。血溝的專業名詞叫作「樋」（Fuller）；有些日本刀會在刀身設置直至刀尖的血溝，以便「刺進敵人身體排出鮮血與空氣，避免刀拔不出來」。西洋劍兵器的血溝裡幾乎都只有劍身的一半，其用意只是單純的減輕重量而已。

鍊鋼法普及以後，便沒有必要再特意把劍身根部加粗、設置血溝，劍身也演變得愈來愈細、愈來愈薄。隨著劍身的大幅輕量化，劍的戰法也從原來以正擊、橫掃為主的攻擊方式，逐漸轉為能有效運用突刺的戰術。

材質的進化與武器形狀的變化

<table>
<tr>
<th>初期的長劍</th>
<th>16世紀左右的長劍</th>
</tr>
<tr>
<td></td>
<td></td>
</tr>
</table>

鋼的發明
與普及

劍身較寬
設有血溝（樋＝Fuller）

劍身較細
前端尖而銳利

為何劍身較寬

- 材質粗劣，為維持武器強度只得增加寬度
- 寬劍太重，必須利用血溝調節重量
- 也可能是為求重量（＝威力）故意把劍身加粗

為何劍身較細

- 隨著材質進化，較細的劍身也能維持武器強度
- 方便使用突刺
- 縮減武器體積、輕量化，方便攜帶
- 細劍看起來較俐落、帥氣

關聯項目

◆近身武器的攻擊方法→No.004

No.024

打鐵鍛冶知多少

除竹槍和棍棒類武器以外，幾乎所有武器的刀身或槍頭等重要構造都是用金屬——大部分是用鐵——製成的。就算同樣都是鐵製的武器，不同的「鍛冶方法」也會造成強度和鋒利度的差異。

> ➢ 鐵的強度取決於碳含量

談到鍛鐵，許多讀者大概會聯想到「鐵匠用鐵鉗挾住燒得火紅的鐵塊，拿起鐵鎚鏗鏗鏘鏘敲打」的畫面吧！敲打燒紅的鐵塊就能「鍛冶鐵塊」看起來似乎還滿合理的，但為何鐵塊經過敲打以後就會變強呢？

鐵的強度會隨著其中的碳含量而變化。碳含量較高的鐵叫作「鑄鐵」，質地硬而脆，只要不慎掉落地面就會碎裂。相反地，碳含量低的鐵則是「軟鐵」，柔軟且富延展性。如果要製造武器，「堅硬而富延展性」的鐵最為理想。於是遂發展出故意把燒紅的鐵混合碳元素，獲得近似鑄鐵的狀態以後，利用鐵鎚的衝擊力把鐵塊裡的碳元素敲出來的鍛冶法。由於此法旨在「去除鐵質內的碳元素」，故稱「脫碳」；將碳含量調節至理想程度（碳含量介於鑄鐵與軟鐵之間）的鐵，就叫作「鋼」。

若是熟知鐵特性的鍛冶師父打造的武器，必定會使用碳含量＝強度符合武器用途的鐵。專為特定人物製作的武器，也會考慮到使用方法及個人習慣來打造。據傳從前日本鍛冶古刀，鐵匠從精煉粗鐵的階段開始，就是全憑直覺和經驗來調整碳含量，使得眾多名刀相繼問世。

想要製造品質精良的鋼，非得遵循許多繁複的步驟打造不可。可是一旦碰到戰爭等必須短時間準備大量武器（鐵）的場合，為求數量就只能省略鍛冶程序，盡可能以最低限度的加工鍛造。然而只要開啟了節省工序的先例，從此便很難回復原來的傳統工法。於是，刀匠和鍛冶師父精心打造的武器跟市面通路販賣的武器，兩者強度和鋒利度的差距便愈來愈大。

脫碳造成強度的差異

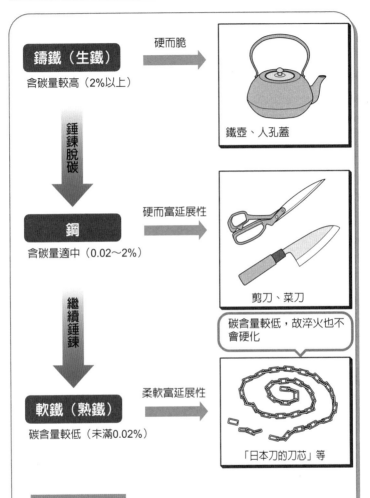

鑄鐵（生鐵）
含碳量較高（2%以上）

硬而脆

→ 鐵壺、人孔蓋

錘鍊脫碳

鋼
含碳量適中（0.02～2%）

硬而富延展性

→ 剪刀、菜刀

繼續錘鍊

碳含量較低，故淬火也不會硬化

軟鐵（熟鐵）
碳含量較低（未滿0.02%）

柔軟富延展性

→ 「日本刀的刀芯」等

關鍵就是碳含量

※鐵的碳含量數值視時代、地區、規格而有些許差異。現代則是將鋼和軟鐵統稱為「鋼鐵」，然後再視其碳含量細分為「軟鋼」、「硬鋼」等。

寬刃劍～闊劍

中間距離

斯拉夫闊劍

十七世紀以後歐洲的斬擊用劍。屬於中型武器，劍身構造乃兩刃直刀。握柄長度適合單手持用，主要是由配備火鎗的騎兵在騎馬戰鬥中使用。

➤ 「刃部寬闊」的劍

自從鎗變成軍隊的常備武器以後，會妨礙活動的「甲胄」便成了歷史，於是近身戰鬥的武器遂喪失破壞敵人鎧甲之必要性，使得**西洋劍**等輕量武器愈受歡迎。闊劍就是出現在這「劍尖突刺攻擊」戰法盛行時代之與眾不同的斬擊用刀劍。此處所謂「闊」雖然是「寬刃」或「寬幅」的意思，但比較對象卻是西洋劍等當時的主流劍兵器，其物理劍身寬度其實跟**長劍、混用劍**並無二致。

騎兵戰鬥使用闊劍首先要把劍扛在肩頭備敵，待戰馬交錯之際奮力砍向擦身而過的敵兵。此戰法在騎兵步兵摻雜的混戰中亦頗為有效；既然拿的是闊劍，戰法就要以斬擊為主，而非突刺。

面臨生死交關時刻若還要「拘泥於斬擊卻不使用突刺」是非常愚昧的作法，理應視狀況採取各種必要的戰法才是；**軍刀**同樣是刀身寬厚的騎兵用刀劍，其刀尖形狀更有利於突刺，能在騎馬戰鬥中採取以突刺攻擊為主的戰術，因此若想要用突刺攻擊與敵交戰的話，一開始就應棄闊劍而就軍刀。

闊劍是「毆擊用劍」，劍柄卻幾乎都是單手使用的握柄；雖然這是考量騎馬使用所做的設計，可是單手的力道仍然相當有限，是以持闊劍切忌一股腦的使勁亂揮，應當循著招數恰如其份攻守作戰。此時如果敵人使用的是西洋劍這種低強度的劍，只需使勁砍斷它即可。

騎兵用單手劍

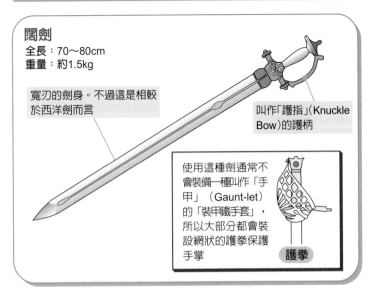

闊劍

全長：70～80cm
重量：約1.5kg

寬刃的劍身。不過這是相較於西洋劍而言

叫作「護指」(Knuckle Bow)的護柄

使用這種劍通常不會裝備一種叫作「手甲」（Gaunt-let）的「裝甲鐵手套」，所以大部分都會裝設網狀的護拳保護手掌

護拳

闊劍和軍刀使用法的差異

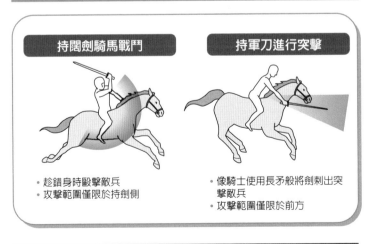

持闊劍騎馬戰鬥

持軍刀進行突擊

• 趁錯身時毆擊敵兵
• 攻擊範圍僅限於持劍側

• 像騎士使用長矛般將劍刺出突擊敵兵
• 攻擊範圍僅限於前方

關聯項目

◆一手半劍～混用劍→No.026　　◆三尺劍～長劍→No.056
◆細身劍～西洋劍→No.054

No.026

一手半劍～混用劍

中間距離

一手半劍

十三～十七世紀歐洲的斬擊用劍，劍身呈兩刃直刀構造。這種劍雖是中型劍但劍柄頗長，可以單手或雙手使用。

> ➢ 平常單手使用，關鍵時刻可雙手持劍

進入中世紀末以後，鎧甲的防禦力大幅提升，**長劍**等單手劍逐漸喪失了對敵人的殺傷力。光憑慣用的單手能造成的殺傷力實在有限，而拿得動的劍也有重量的限制。

其實單手拿不動的劍，只消雙手持用即可。在這個思考邏輯之下，十三世紀左右遂演變出將單手劍握柄加長的混用劍原型武器。起初這種武器被稱為「一手半劍」（Hand and a Half Sword），十六世紀時卻已然廣泛確立了「混用劍」的通稱。

至於此劍為何要冠用「Bastard（雜種、混血）」此名，各方說法不一。或曰此劍乃「既非單手劍亦非雙手劍的雜種劍」，或曰它是「斬擊系日耳曼劍與突刺系拉丁劍的混血」。

混用劍存在的最大意義莫過於「可懸於腰際攜帶」。如果真要講究「雙手持劍的威力」，倒不如使用**雙手劍**等武器來得更好，可是當時的騎士卻普遍認為「劍非掛在腰際不可」。對把面子和尊嚴看得比生命還重的騎士來說，這是一件非常重要的事。

要能掛在腰際、能雙手持劍增加威力、還要講求武器的整體均衡度……這便是西洋騎士對混用劍的機能需求。或許正是因此，不同時代、不同地區的混用劍不論劍身形狀、劍柄長度、重量皆是形形色色五花八門，足見前人的試行錯誤有多少。

將劍柄加長的單手劍

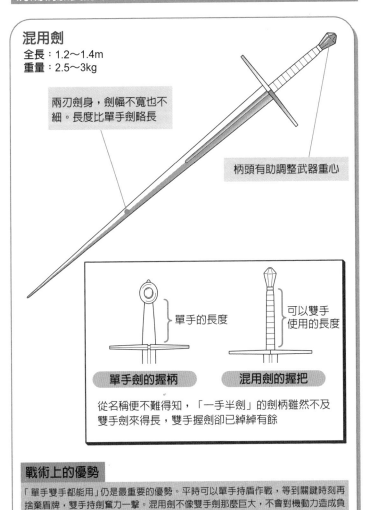

混用劍
全長：1.2～1.4m
重量：2.5～3kg

兩刃劍身，劍幅不寬也不細。長度比單手劍略長

柄頭有助調整武器重心

單手的長度

可以雙手使用的長度

單手劍的握柄

混用劍的握把

從名稱便不難得知，「一手半劍」的劍柄雖然不及雙手劍來得長，雙手握劍卻已綽綽有餘

戰術上的優勢

「單手雙手都能用」仍是最重要的優勢。平時可以單手持盾作戰，等到關鍵時刻再捨棄盾牌，雙手持劍奮力一擊。混用劍不像雙手劍那麼巨大，不會對機動力造成負面影響。

關聯項目

◆雙手持用的劍～雙手劍→No.042　　　◆三尺劍～長劍→No.056

中國的單刃劍～青龍刀

中間距離

吳鉤、圓月砍刀

唐代（七～八世紀）中國流行的切斷用刀劍。屬於中型武器，刀身是單刃彎刀。刀柄是單手用握柄，雖然是專為切斷功能而設計的武器，但青龍刀亦因頗有重量而有不錯的斬擊能力。

➤ 近身戰專用重量級刀劍

　　青龍刀流行於唐朝，又因為從前春秋時代的吳國乃以彎刀聞名，是以亦名吳鉤。吳國彎刀近身戰的性能非常優越，在山岳、湖沼、河川等地形的戰鬥中極受重用，但直到唐代才又復活的青龍刀卻喪失許多英雄用武的空間。弓箭、長槍、棍棒等遠距離武器早已佔據該時代的主要戰場，而當時的軍隊是以集體戰為主，並不甚重視青龍刀。

　　這其實就跟日本刀與弓箭的關係差不多，只不過幕府只准許部分特權階級持有刀械，而中國卻不禁止民間私自持有青龍刀。也許正是因為這個緣故，青龍刀在日本才會總是無法擺脫「山賊野盜的武器」的形象，並且在以中國武將為中心的遊戲或漫畫裡，青龍刀便經常被設定為反派角色或嘍囉的武器，受到極不公平的待遇。

　　青龍刀和日本刀這類有弧度的刀亦即所謂的「彎刀」，這種圓弧構造有助使用者把刀往回抽時，「使刀刃劃開敵人軀體」。青龍刀用「抹」的攻擊造成的傷勢面積固然比直刀更廣，但其刀身容易在切擊物體表面滑動，是故攻擊金屬等「刀刃吃不進去的」裝甲的效果非常有限。此外青龍刀雖然不如日本刀洗練，但其刀身亦是由複數金屬製成，藉以提升武器強度；刀刃部分用的是鋼，刀背部分則是用柔軟的鐵以免折損。

　　由於青龍刀重心偏向刀身前端，若以使**鎚**弄**斧**的要領揮擊之，則亦可藉離心力發揮出更驚人的殺傷力。雖說青龍刀是因為鍊製技術問題而必須考量刀身強度，不得已設計成如今刀身寬厚的模樣，但使用時應將這點視為優勢，巧妙地運用切抹攻擊和切斬攻擊作戰才是。

具斬擊效能的彎刀

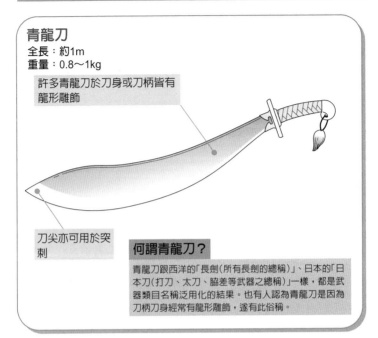

青龍刀

全長：約1m
重量：0.8～1kg

許多青龍刀於刀身或刀柄皆有龍形雕飾

刀尖亦可用於突刺

何謂青龍刀？

青龍刀跟西洋的「長劍(所有長劍的總稱)」、日本的「日本刀(打刀、太刀、脇差等武器之總稱)」一樣，都是武器類目名稱泛用化的結果。也有人認為青龍刀是因為刀柄刀身經常有龍形雕飾，遂有此俗稱。

青龍刀＝圓月砍刀？

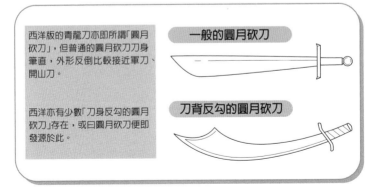

西洋版的青龍刀亦即所謂「圓月砍刀」，但普通的圓月砍刀刀身筆直，外形反倒比較接近軍刀、開山刀。

一般的圓月砍刀

西洋亦有少數「刀身反勾的圓月砍刀」存在，或曰圓月砍刀便即發源於此。

刀背反勾的圓月砍刀

關聯項目

◆斧是蠻族的武器？→No.010　　◆各式不同種類的鎚→No.012

源平時期的日本刀～太刀

中間距離

毛拔形太刀、大太刀

日本從平安時代中期開始使用的刀劍。彎曲的刀身單邊設有極其鋒利的切斷用刀刃，握柄頗長足堪雙手持用，騎馬作戰亦可單手使用。

➢ 從貴族儀式場合發展至戰場

日本的刀＝有弧度的刀身（彎刀）的概念如今已是普遍的共識，是日本人用大陸傳來的「劍」跟東部地方部族作戰，然後「劍」又順應日本風土氣候等因素昇華成太刀以後才有的事。古日本神話裡的十握劍、天叢雲劍（草薙劍）就不是彎刀。

當我們持刀切斷物體的時候，弧度適中的刀身承受的衝擊力道將會小於筆直刀身；而像西洋鎧甲那種金屬甲冑在高溫多濕的日本並不發達，是以刀械皆特別著重「切割」特殊機能，兼以良質鐵礦和高級鍛冶技術，才能製造出品質精良的彎刀。

太刀本是貴族參加朝廷儀式的道具，是用朝廷公定禮服「衣冠束帶」規定的短繩「下緒（太刀緒）」懸於腰際。後來護衛朝廷的武士崛起，省卻太刀的各種紋飾而將其當成武器使用，但仍是用短繩把刀鞘掛在腰間，拔刀時則必須用另一隻手按住鞘口。

有些人主張太刀是「為方便騎馬使用才設計成圓弧刀身」，但當時明明已經有弓箭、長槍等遠距離武器，因此故意選擇攻擊距離比槍短的太刀進行騎馬戰鬥的可能性不高。與其說是「為方便騎馬使用才設計成圓弧狀」，倒不如說是「因為刀身呈圓弧狀所以騎馬也能使用」比較合理。如果是徒步戰鬥的話，太刀愈大愈重，威力就愈大、愈有利，因此徒步武者皆偏好大型的大太刀（野太刀），後來更演變出將刀柄特別加長的**長卷**。除前述發想以外，日本還另外有個「把刀當作輔助性武器使用」的潮流，中間歷經將太刀縮短的「刺刀」，再逐漸發展成**打刀**。

中世紀的日本刀

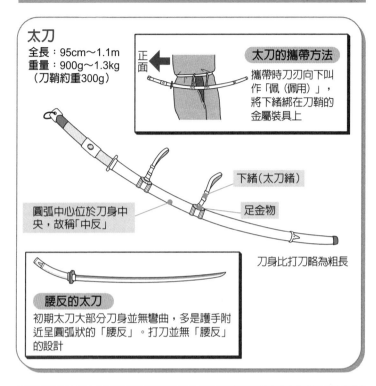

太刀

全長：95cm～1.1m
重量：900g～1.3kg
（刀鞘約重300g）

太刀的攜帶方法

攜帶時刀刃向下叫
作「佩（佩用）」，
將下緒綁在刀鞘的
金屬裝具上

正面

下緒（太刀緒）

圓弧中心位於刀身中
央，故稱「中反」

足金物

刀身比打刀略為粗長

腰反的太刀

初期太刀大部分刀身並無彎曲，多是護手附
近呈圓弧狀的「腰反」。打刀並無「腰反」
的設計

太刀之分類

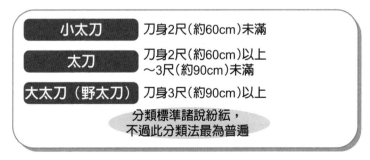

小太刀	刀身2尺（約60cm）未滿
太刀	刀身2尺（約60cm）以上 ～3尺（約90cm）未滿
大太刀（野太刀）	刀身3尺（約90cm）以上

分類標準諸說紛紜，
不過此分類法最為普遍

關聯項目

◆長柄太刀～長卷→No.029　　◆日本武士刀～打刀→No.059

No.029

長柄太刀～長卷

中間距離

長薙、中卷

室町時代流行的長柄刀，是將大太刀（野太刀）刀柄部分加長製成的武器。其外觀酷似薙刀，但握柄部分的構造卻與日本刀相同，而且還有日本刀的護手構造，可供區別。

➤ 外型酷似長槍的大型刀

　　長卷是種外型酷似**薙刀**的武器。薙刀是「於長槍前端裝設刀身的武器」，相對的長卷則是將大型刀（大太刀）刀柄加長的武器；長卷始終是以刀為基礎的武器，所以握柄就跟日本刀同樣是「用皮革或組繩捲成菱形圖案」，而且長度也比薙刀短。此外，長卷刀身與握柄的交界處還設有日本刀的護手，也是區別薙刀的特色之一。

　　長卷使用的刀身與大太刀相同，但比薙刀長。長卷起初是類似「大太刀的特別改良版」的武器，後來慢慢獲得世間認知為獨立的武器，才不再沿用大太刀的刀身，而有長卷專用的刀身問世。這種刀身比大太刀更寬更重，能對穿著鎧甲的武者造成一定程度的傷害。

　　長卷的長柄設計用意並非是要「從敵人的距離外施以攻擊」，而是要支撐增加的刀身重量。因此，長卷的武器定位應該比較接近西洋的**雙手劍**、**巨劍**等武器，戰鬥中大可放膽毫無保留使盡全力雙手揮砍。雙手各持長柄兩端時，還能將長卷當成短槍使用，突刺時會比普通的**太刀**或**打刀**更容易命中目標。

　　然則長卷也難逃長柄武器之宿命——不便單手持用。槍只需單手持用即可連續刺擊，就連長柄鎚也只要單手抓緊握把末端，利用武器前端重量產生的離心力攻擊，就能造成相當程度的殺傷力，但長卷有重量的問題，主要卻是受限於其日本刀的血統問題，才不像槍或長柄鎚有諸多的應用法。再者長卷體積龐大，不能懸掛或者插在腰間，徒手攜帶亦不甚方便。

從大太刀再升級的武器

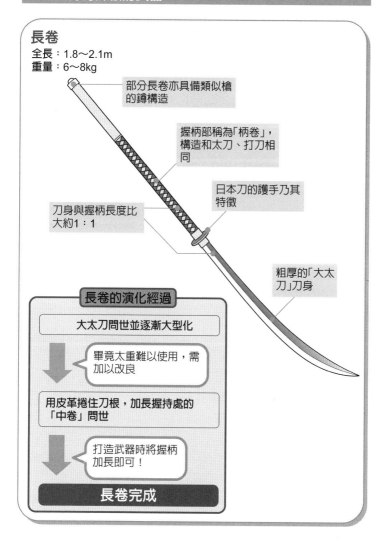

長卷
全長：1.8～2.1m
重量：6～8kg

部分長卷亦具備類似槍的鐔構造

握柄部稱為「柄卷」，構造和太刀、打刀相同

日本刀的護手乃其特徵

刀身與握柄長度比大約1：1

粗厚的「大太刀」刀身

長卷的演化經過

大太刀問世並逐漸大型化

畢竟太重難以使用，需加以改良

用皮革捲住刀根，加長握持處的「中卷」問世

打造武器時將握柄加長即可！

長卷完成

關聯項目

◆源平時期的日本刀～太刀→No.028　　◆日本特有的槍形刀～薙刀→No.075
◆雙手持用的劍～雙手劍→No.042　　　◆大型劍～巨劍→No.087
◆日本武士刀～打刀→No.059

No.030

連結式棍棒～連枷

中間距離

輕連枷、騎兵連枷、鏈球連枷

十二～十六世紀歐洲的打擊武器，是用鐵鏈連接短柄與小型棍棒的武器。揮擊時利用離心力的原理，能夠造成比同體積、同重量的打擊武器更大的殺傷力。

➤ 可動式棍棒

連枷屬於**鎚**類武器，主要分成毆擊敵人的「鎚頭」和手拿的「握柄」兩個部分，中間則是像雙截棍般，用鐵鏈或繩索連接起來，構造相當奇特。揮擊時利用離心力使前端鎚頭加速，威力倍增。

連枷的鎚頭是用鐵鏈連接在握柄前端，因此難以判斷其攻擊軌跡。就算用防守劍或釘頭鎚的要領——拿武器或盾牌來擋，連枷的鎚頭也會牽著鐵鏈折回，所以並不好防禦。使用連枷其實不太需要出力，只要利用鎚頭運動的離心力即可造成相當程度的殺傷力，但使用者倒是必須不斷舞動鎚頭，好讓敵人無法預測攻擊軌跡；然而連枷很難使出**卸力**和**格架**等技巧，最好別嘗試用連枷的鎚頭來格擋、防禦敵方攻擊。

除了棒狀鎚頭以外，另有鎚頭呈球狀的「鏈球連枷」。球狀構造可將打擊力集中於單一點，而且比棒狀連枷不容易被敵人架開。此類連枷以**晨星**最有名，它乃是將佈滿尖刺的鐵球擬作金星（黎明之星），故有此名。鎚類武器中也有無鐵鏈構造的晨星，因為晨星其實就是「滿佈尖刺的鐵球」的意思。

具鐵鏈構造的晨星可以用鐵鏈部分纏住敵人手腕封鎖其攻擊，或是纏住腳絆倒敵人；個頭較小的人則可以鑽進大個子懷中，採取從敵人下顎朝上揮擊鐵球的攻擊法。

68

小巧且極具威力的武器

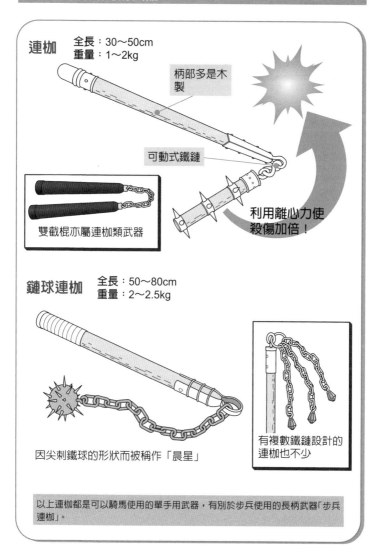

連枷
全長：30～50cm
重量：1～2kg

柄部多是木製

可動式鐵鏈

雙截棍亦屬連枷類武器

利用離心力使殺傷加倍！

鏈球連枷
全長：50～80cm
重量：2～2.5kg

因尖刺鐵球的形狀而被稱作「晨星」

有複數鐵鏈設計的連枷也不少

以上連枷都是可以騎馬使用的單手用武器，有別於步兵使用的長柄武器「步兵連枷」。

關聯項目

◆各式不同種類的鎚→No.012　　◆鎚鉾～釘頭錘→No.037

No.031

刀劍的攜帶方法

若純粹就武器性能比較，刀劍根本無法跟槍或飛行道具匹敵；不但攻擊距離短、武器強度不佳，而且價格昂貴。但刀劍的大小適中，能發揮一定的威力，非常適合平時攜帶。

➤ 基本上掛在腰際攜帶

　　刀劍因攻擊距離與威力不足的問題，未能成為戰場上的主力武器。劍經常被選為**槍**、**長柄兵器**和**投射武器**的備用武器，就連**長劍**這種標準規格的劍亦然。然而，正因為劍經常和其他武器併用，又必須隨身攜帶，人們才會對劍的攜帶方法多作研究，甚至確立了現今這種平時也能輕鬆持用的攜帶方式。

　　攜劍有個重要的前提，便是要「空出雙手」。倘若無法空出雙手就會妨礙到其他動作，平時非戰備狀態下更是如此。於是「像背袋般背在肩頭」、「插掛於腰帶」便成為必然的趨勢；攜帶刀劍切忌妨礙行動，臨用時必須能迅速出鞘、擺定架勢。攜帶刀劍起初多採肩頭斜背形式，但佩戴時頗為費事，移動中缺乏安定性，遂逐漸遭掛在腰間的攜劍法取代。

　　一般若將刀劍掛在腰際，會把劍裝置在慣用手的相反側，劍柄指向慣用手，這純粹是為了方便拔劍出鞘；較短的劍則亦可掛在腰際右側。另外像**西洋劍**和**左手用短劍**這種西洋二刀流則是將左手用短劍劍鞘置於後腰，以免大小兩柄劍劍身交叉、無法同時拔出鞘。**日本刀**是將兩柄刀插在相同側，但這種攜帶方法是特例。

　　雙手劍這種大型劍太長不便掛在腰間，背在身後也無法拔出鞘，因此基本上並不使用劍鞘，直接手持攜帶，但虛構作品的世界卻經常可以看到使用專用劍套攜帶大型劍的畫面。這種劍套只是利用短套將裝上「劍鋒護套」的劍身固定住，而能讓持劍者從背劍狀態迅速切換至備戰姿態。

攜帶刀劍的位置

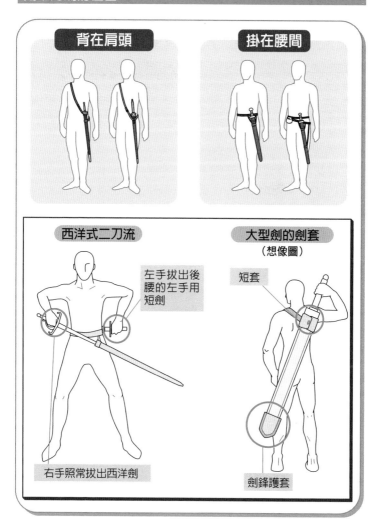

背在肩頭

掛在腰間

西洋式二刀流

左手拔出後
腰的左手用
短劍

右手照常拔出西洋劍

大型劍的劍套
（想像圖）

短套

劍鋒護套

關聯項目

◆日本刀是什麼樣的武器？→No.008　　　◆雙手持用的劍～雙手劍→No.042
◆槍是騎兵的武器，還是步兵的武器？→No.015　◆細身劍～西洋劍→No.054
◆何謂長柄兵器？→No.017　　　　　　　◆三尺劍～長劍→No.056
◆遠距離攻擊用武器「投射武器」→No.019 ◆左手專用的短劍～左手短劍→No.064

No.032

小型劍～短劍

近距離

羅馬戰劍、羅馬細身騎劍

主要是使用於歐洲的小型劍，為比小刀匕首長、比長劍短的所有劍類兵器的統稱。短劍基本上皆是兩刃直刀的構造，劍柄長度適合單手持用，是主要使用大型武器時相當理想的備用武器。

➤ 近身戰與混戰的防禦性武器

短劍是種介於匕首與**劍**兩者之間的武器；其設計概念並非「將匕首大型化以期提升攻擊力」，而是為方便徒步作戰的士兵在混戰中使用而「將劍小型化使其利於團體戰」。是故，短劍並非騎士戰士們傾注名譽與生命的武器，多做為持**槍**或**長柄兵器**的士兵之備用武器來使用。

一般短劍皆為兩刃，分成劍身向前端變窄的短劍，以及劍身幅寬一致的短劍兩種；此二者皆具備突刺用的尖銳劍鋒和斬擊用劍刃，可視戰況自行變化運用。短劍更特別適用於敵我雜處的混亂戰場、狹窄巷道等場所的戰鬥。

「羅馬戰劍」堪稱短劍武器之代名詞。這種劍發源自羅馬帝國，劍身從根部至劍尖同寬，劍柄還有個極具特色的圓形柄頭。羅馬戰劍主要是步兵的裝備，不過持槍者也會使用羅馬戰劍作為近身戰鬥的輔助性武器。

劍身短，攻擊距離自然也較短。短劍並不適用**西洋劍**的「保持固定距離」或「先發制人」戰法，而且短劍重量亦不如**長劍**等武器，殺傷力略遜一籌。可是從相反的角度來看，短劍的劍身強度遠勝過西洋劍，短小的劍身又比長劍是容易掌握。

持短劍戰鬥者，應該要善用短小劍身的靈活度，以及其毫不遜色於標準尺寸的劍之武器強度，採取以防禦為主的戰鬥方式。只要敵人不是使用斧頭這種威力集中型的武器，想要打敗手持盾牌及短劍專心防禦的戰士，是極為困難的事情。

短劍雖短卻非匕首

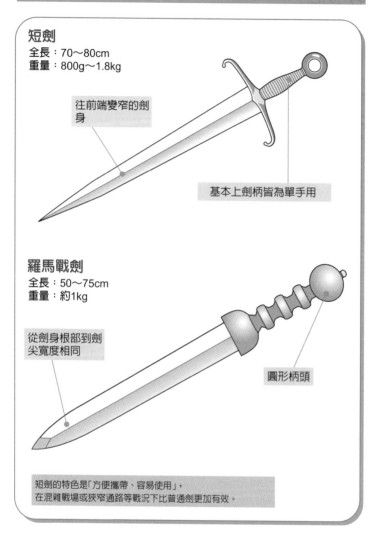

短劍
全長：70～80cm
重量：800g～1.8kg

往前端變窄的劍身

基本上劍柄皆為單手用

羅馬戰劍
全長：50～75cm
重量：約1kg

從劍身根部到劍尖寬度相同

圓形柄頭

短劍的特色是「方便攜帶、容易使用」，
在混雜戰場或狹窄通路等戰況下比普通劍更加有效。

關聯項目

◆劍有何特徵？→No.007
◆槍是騎兵的武器，還是步兵的武器？→No.015
◆何謂長柄兵器？→No.017
◆細身劍～西洋劍→No.054
◆三尺劍～長劍→No.056

No.033

斬荊棘闢蹊徑的刀～山刀

近距離

廓爾喀彎刀、開山刀

日常用品發展成的斬擊用武器。山刀跟小刀和斧頭同樣是世界各地非常普遍的道具，擁有厚重的單刃刀身。絕大多數的山刀大小都跟短劍差不多、刀柄亦以單手用為主，但除此以外亦有專為戰鬥用途製作、大型刀身的山刀。

➤ 善用武器重量毆擊

　　山刀原是用來披斬荊棘、伐木砍柴的道具。山刀雖然有刃部構造，刀刃卻不似小刀那般銳利，使用方法跟斧頭同樣是「利用重量劈擊」。山刀的刀身比普通匕首厚，因此實際重量會比看起來要重出許多。山刀光是高高舉起、向下劈擊便有極大威力，所以儘管它只是一種類似代用武器的道具，也絕對能拿來當作普通武器使用。山刀的刀身刀柄有別於筆直的劍，而是跟尺蠖一樣呈「く字型」，用刀身前端砍擊的殺傷力會遠大於用刀身根部砍中敵人。

　　廓爾喀彎刀就是一支擁有前述特性，並且獲得高度評價的戰鬥武器。廓爾喀彎刀是尼泊爾特有的小型刀劍，尤其廓爾喀民族使用的「廓爾喀刀」、「廓爾喀短刀」最為有名。廓爾喀彎刀再怎麼說也算是「短刀」（Knife），是以刃部較為鋒利，而且刀身前端比普通山刀更粗更重，方便使用者在茂密的叢林中砍除雜亂的草木。廓爾喀彎刀的形狀相當特殊，必須先花點時間習慣武器才能拿來對敵戰鬥，但是廓爾喀彎刀能發揮出超越使用者本身力量的殺傷力，所以花時間訓練可說是非常值得。此外廓爾喀彎刀的刀鞘口比較寬，可以放置小型短刀或打火石。

　　現代戶外活動常用的開山刀也是山刀的一種。開山刀的刀身固然不是「く字型」，利用重量砍開荊棘的用法卻無異於山刀。開山刀的刀身比較薄、不能拿來砍柴，而且刀身過長不便砍除細枝，但除此以外不論是跟短劍差不多的刀身大小，還是重心偏向前端的設計，開山刀都算是柄相當好用的武器。

亦能用於戰鬥的山刀

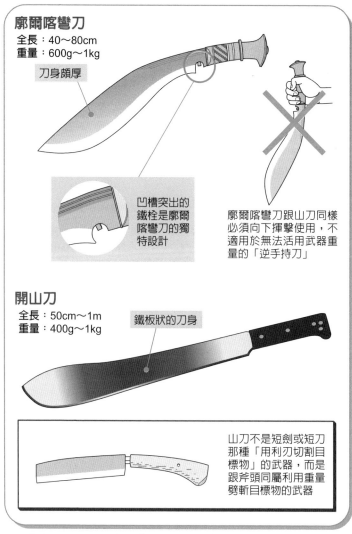

廓爾喀彎刀

全長：40～80cm
重量：600g～1kg

刀身頗厚

凹槽突出的
鐵栓是廓爾
喀彎刀的獨
特設計

廓爾喀彎刀跟山刀同樣
必須向下揮擊使用，不
適用於無法活用武器重
量的「逆手持刀」

開山刀

全長：50cm～1m
重量：400g～1kg

鐵板狀的刀身

山刀不是短劍或短刀
那種「用利刃切割目
標物」的武器，而是
跟斧頭同屬利用重量
劈斬目標物的武器

＊ 尺蠖（Measuring Worm）：鱗翅目尺蛾科所有大型蛾類的幼蟲，遍佈世界。
因缺中間一對足，故以「丈量」或「屈伸」等具特徵性的步態移動；即伸
展身體的前部，再挪移身體後部使與前部相觸。

關聯項目

◆小型劍～短劍→No.032　　　　◆八寸短劍～匕首→No.062

單手斧～印地安擲斧

近距離

手斧、法蘭克擲斧、擲斧

「當作武器使用的斧」和「當作道具使用的斧」本來就很難區別。劍是種專為戰爭蘊生的道具，可是小型斧卻跟短劍、長槍等武器一樣，一開始都僅是日常生活的道具。

➤ 戰場和野外生活皆頗受重用的法寶

主要以單手使用的斧，就叫作手斧（Hand Axe）。手斧跟棍棒、短劍都是人類自古使用至今的武器，同時也是野外生活的必需品。

手斧的構造非常簡單，僅僅是在30～50公分長的短柄前端加裝斧頭而已，體積雖小卻頗具威力，經常被選為**劍**或**槍**等武器的備用武器。手斧的尺寸較小，不但容易使用，揮擊時也沒有場地的限制。手斧不只在室內、洞窟等狹窄空間都能使用，就算被絆倒在地面，也能趁敵人以為勝券在握、舔嘴咂舌沾沾自喜的時候，拿手斧朝對方的側頭部或側腹施以重擊。

手斧跟匕首一樣，都可以在危急時刻投擲使用。印地安擲斧就是特別強化投擲機能的手斧，但它其實並不是「特別設計成投射武器」的斧類兵器。印地安擲斧之所以擁有投射武器的刻板印象，其實都是因為許多描述西部開拓時代的虛構作品，老是把以此武器聞名的北美洲印地安人（美洲原住民）塑造成動不動就丟斧頭的模樣，可實際上手斧原本就不是有效的投擲武器；一來是唯有技藝嫻熟者才有投擲手斧的能耐，再來將手斧投出去也就等於失去了武器。唯有在糧盡彈絕、孤立無援這種無技可施的狀況下，才能動用投擲手斧的「最終手段」。

羅馬帝國末期曾經舉族大遷徙的法蘭克人，其特有的法蘭克擲斧，其是經過精心設計的投擲用斧。為使擲斧更容易刺中敵人，法蘭克擲斧的斧頭形狀跟斧刃角度都經過事先計算，且斧柄還特別設計得又粗又長，好跟斧頭的重量取得平衡。

除擲斧以外，法蘭克人亦曾將「法蘭克標槍」當成飛行道具使用，據說法蘭克人如此看重這些投擲武器，其實是因為他們「跟印地安人不同，射箭技術很差」的關係。

可單手使用的小型斧

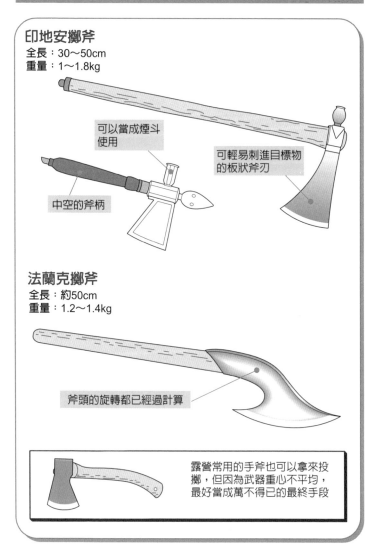

印地安擲斧
全長：30～50cm
重量：1～1.8kg

可以當成煙斗使用

可輕易刺進目標物的板狀斧刃

中空的斧柄

法蘭克擲斧
全長：約50cm
重量：1.2～1.4kg

斧頭的旋轉都已經過計算

露營常用的手斧也可以拿來投擲，但因為武器重心不平均，最好當成萬不得已的最終手段

關聯項目

◆劍有何特徵？→No.007　　　◆槍是騎兵的武器，還是步兵的武器？→No.015

戰鬥用斧～戰斧

近距離

戰斧、巨斧

將「日常生活道具的斧」重新設計成戰鬥專用道具的武器。戰鬥用斧比手斧、山刀「更重更大」的斧頭，在正擊時最能發揮威力，動輒便能使敵人身負致命重傷。

➤ 對重量與硬度的不斷追求

斧的特長便是「威力」。就戰鬥用斧而言，不斷追求更大的威力是勢所必然。換句話說，就是要盡可能的把威力來源——斧頭——製作得既重且硬又銳利。

戰斧為支撐斧頭不斷增加的重量，勢必將斧柄加長，如此則持斧者亦必須雙手持斧。持戰斧者唯有在「打倒敵人後要結束其性命」、「對跟跟蹌蹌的敵人使出必殺一擊」的狀況下才會像持劍般握住斧柄末端使用，平常則是雙手各持斧柄兩端。來撐起沉重的戰斧；此時使用者的慣用手握住靠近斧頭的一端，另一隻手則置於斧柄末端附近，藉此進行防禦和牽制。

戰斧跟柄部前端設有錘頭的**釘頭錘**是構造相當近似的武器，不過釘頭錘的錘頭乃以「敲擊」、「毆擊」為目的，相對的斧頭卻是以「斬斷」目標物為目的，故許多戰斧的斧刃皆呈平緩的圓弧狀，好讓切斷的力道更容易集中。除此之外，部分戰斧也會使用能夠增加武器耐久度的金屬製斧柄。

戰斧亦曾因為「斧刃」擁有足堪斬破敵人裝甲的威力，而被騎士選為武器使用。但戰斧不論種類或形狀皆不如劍、釘頭錘來得多樣，整體而言算是非主流的武器；再說騎馬作戰又不一定非得「破壞裝甲」不可，若只需將對手擊落馬即可，釘頭錘和**連伽**都比戰斧好用；就算徒步戰鬥好了，加長斧柄增加威力的**長柄兵器**也比戰斧更加有效。

亞洲和北歐地區諸民族比歐洲人更偏好使用戰鬥用斧＝戰斧，而日本人對戰斧的印象亦鮮明地反映出了前述地區的影響。

進化成戰鬥專用武器的大型斧

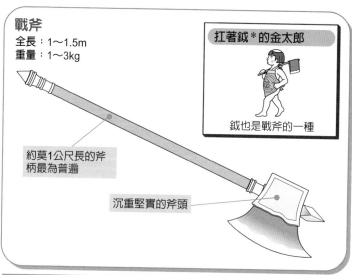

戰斧

全長：1～1.5m
重量：1～3kg

扛著鉞＊的金太郎

鉞也是戰斧的一種

約莫1公尺長的斧柄最為普遍

沉重堅實的斧頭

手握斧柄的位置與戰鬥方式

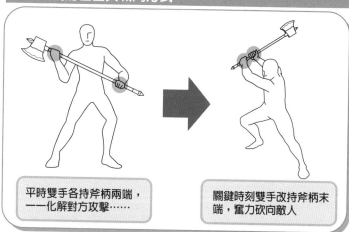

平時雙手各持斧柄兩端，一一化解對方攻擊……

關鍵時刻雙手改持斧柄末端，奮力砍向敵人

＊ 鉞：形制似斧而較大，斧重柄長。斧頭有銅製和鐵製兩種。多用於禮仗，以象徵帝王的權威，也用為刑具。

關聯項目

◆何謂長柄兵器？→No.017
◆連結式棍棒～連枷→No.030
◆鎚鉾～釘頭錘→No.037

79

各種棍棒

近距離

警棍、棍棒、短棍

用來毆擊他人的堅硬棍棒。與釘頭錘同屬打擊武器。棍棒亦可謂是劍、斧、槍等幾乎所有武器共同的起源，但常被視為殺傷力不高的防身用具，不過只要使用得當，亦足以致命。

➤ 武器之起源

棍棒是最原始的武器，跟劍、槍等具刃部構造的武器相較之下，常常被視為「不會讓對手身負致命重傷的武器」。事實上，人們確實曾經為增加殺傷力，在棍棒前端綑綁石頭和金屬，做過各種嘗試，而發展出**劍**、**斧**和**釘頭錘**等武器。然則就此認定棍棒是非致命性武器，尚言之過早。所謂棍棒殺傷力低，是預設了敵方使用鎧甲等護具的立場，倘若沒有「堅實皮革或金屬材質裝甲」保護，棍棒絕對能夠造成非常嚴重的傷害。

警棍便是最典型的棍棒。治安維持機關就是看中無刃武器的低殺傷力特性，方採用這種不傷及他人，便能壓制對方的「溫和」武器。但是用警棍毆擊頭部仍很容易造成頭蓋骨骨折、凹陷，腦部也可能因為受到重擊而有挫傷、出血之虞。從前日本警察迫於情勢而使用的「用人海戰抓住對象持警棍圍毆」戰術，但其實非常危險，人類只要受到大量的踢打毆擊就能致命，更有許多拷打致死的事例存在。持棍棒者「只不過是用棍棒毆打根本不會死人」的觀念，加深了其危險性。若想拿警棍進行一場帥氣瀟灑的戰鬥，最好要捨棄棍棒的固有揮擊方法，把警棍當成「短杖」使用，譬如用棍棒的兩端戳擊敵人要害、用棍棒絞住敵人手腕，或是攻擊膝蓋後方扳倒敵人。

從前武藏坊弁慶使用的武器——金碎棒是種「戰鬥用棍棒」。為避免折斷、彎曲，整柄金碎棒以金屬製成，攻守俱佳。腕力強健者使用金碎棒，絕對能在團體戰中發揮以一擋百的威力，可惜受限於武器尺寸與重量，只有少數人能使用這種武器。

正因構造簡單所以威力強大

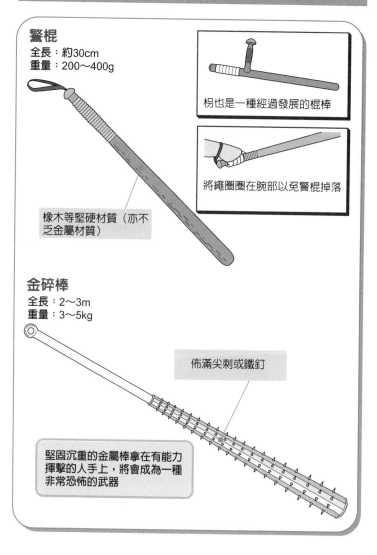

警棍
全長：約30cm
重量：200～400g

拐也是一種經過發展的棍棒

將繩圈圈在腕部以免警棍掉落

橡木等堅硬材質（亦不乏金屬材質）

金碎棒
全長：2～3m
重量：3～5kg

佈滿尖刺或鐵釘

堅固沉重的金屬棒拿在有能力揮擊的人手上，將會成為一種非常恐怖的武器

關聯項目

◆劍有何特徵？→No.007
◆斧是蠻族的武器？→No.010
◆鎚鉾～釘頭錘→No.037

No.037

鎚鉾～釘頭鎚

近距離

晨星、晨星鎚

釘頭鎚就是前端設有鐵塊構造的棍棒，亦稱「棍杖」、「鎚矛」。多見於十三世紀以後的歐洲，是騎士經常拿來跟劍搭配併用的武器；它能破壞普通板金鎧甲、大小適合單手使用。

➤ 對裝甲專用強化棍棒

　　釘頭鎚是利用金屬強化**棍棒**前端的武器；製作堅實沉重的鎚頭能夠增加離心力，進而提升武器破壞力。高爾夫球被桿頭擊中球心足足能飛200多碼遠，可見如果揮球桿時整體重量偏向前端，桿頭部分就能釋放出相當驚人的速度。

　　因此，棍棒跟釘頭鎚雖然同屬打擊系武器，兩者的威力卻有很大的差距。釘頭鎚原本就是專為對抗棍棒已無法應付的「穿著鎧甲的敵人」而衍生的武器，把兩者拿來比較並不公平，但就算對方裝備板金鎧甲，釘頭鎚仍舊能有斷骨碎肉的效果。

　　釘頭鎚不但利用離心力原理增加鎚頭的運動速度，還衍生出各種形狀的鎚頭，藉以達到提升攻擊力的效果。除酷似洋蔥的「球形」金屬鎚頭以外，還有佈滿鐵刺的「星形」鎚頭、數枚鐵板呈放射狀組合的「刃形」鎚頭，以及擁有鎬頭構造的「Ｔ字型」鎚頭，形形色色五花八門。釘頭鎚攻擊板金鎧甲的效果比**劍**更理想，技術需求又沒有**斧**那麼高，於是釘頭鎚遂成為騎士與重裝備戰士都愛用的近身戰武器。儘管還有其他威力更大的**戰鎚**、強化貫穿效果的**戰鎬**等武器，但釘頭鎚能夠騎馬使用、體積小方便攜帶、打擊效果強，都是非常重要的優勢。

　　就相同尺寸的武器來說，釘頭鎚命中目標的衝擊力道可謂相當驚人。持釘頭鎚騎馬戰鬥的時候，可以朝著敵人頭部橫掃過去將其擊落馬背，或者對準敵人拿著武器或韁繩的手使勁往下砸。當然，隔著鎧甲毆擊敵人也能造成一定程度的傷害，因此釘頭鎚也能削弱敵人的戰力。

強化棍棒

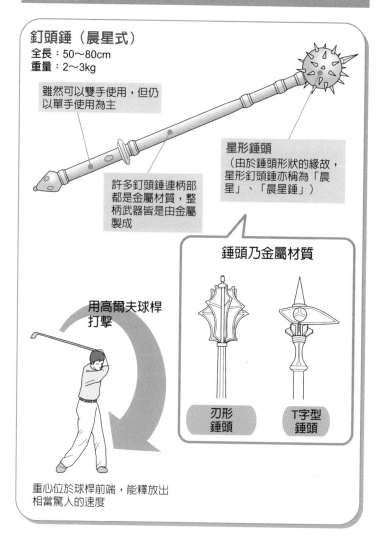

釘頭錘（晨星式）
全長：50～80cm
重量：2～3kg

雖然可以雙手使用，但仍
以單手使用為主

許多釘頭錘連柄部
都是金屬材質，整
柄武器皆是由金屬
製成

星形錘頭
（由於錘頭形狀的緣故，
星形釘頭錘亦稱為「晨
星」、「晨星錘」）

錘頭乃金屬材質

刃形
錘頭

T字型
錘頭

**用高爾夫球桿
打擊**

重心位於球桿前端，能釋放出
相當驚人的速度

關聯項目

◆劍有何特徵？→No.007　　　　◆戰鬥用鎚～戰鎚→No.043
◆斧是蠻族的武器？→No.010　　◆戰鬥用鉤爪～戰鎬→No.067
◆各種棍棒→No.036

刀劍與鞘

鞘就是包覆刀劍的「保護套」。通常都是口袋狀的硬盒，其中的空間可供刀劍插入收納；除了方便收藏攜帶以外，還能避免刀劍撞到硬物缺刃。

➤ 日本刀鞘與西洋劍鞘

刀鞘對**日本刀**來說是不可或缺的配件。無鞘的日本刀非常危險，一個不小心，別說是周圍的其他人，就算持刀者自己也可能會受傷。此外，拔刀出鞘「除切斬以外別無用途」，是以皆被視為明確表示攻擊意圖的行為。對極重視名節與榮譽的武士來說，一旦雙方都拔刀出鞘，唯有你死我活方能罷休，所以許多劍術流派皆主張「能夠刀不出鞘就解決紛爭」才是最高境界。由此可知，刀與鞘在在影響使用者的精神面。

宮本武藏曾經對佐佐木小次郎說道：「捨去刀鞘，便等同於捨去性命……」。「為求生存而戰」和「置之死地而戰」兩者究竟孰強孰弱，其實皆視乎個人氣度而異，而佐佐木小次郎的刀有「曬衣竿」之稱，那麼長的刀鞘只有妨礙戰鬥的份，了不起就是在打倒武藏後再慢慢去撿刀鞘而已，沒想到小次郎卻真的因為這番論刀與鞘之一體性的狗屁道理而動搖，而落得在巖流島命喪黃泉的下場。

相對來說，西洋的劍鞘不甚受到重視，因為西洋的劍不像日本刀那麼鋒利，就算不用劍鞘攜帶亦無妨。起初是採「用布料或獸皮」裹住劍身的的簡易劍鞘，逐漸演變出由鞣製過的硬獸皮、木材、金屬等材質組合製成的劍鞘。後來隨著時代的推移，還有用鮮豔布料毛皮包覆的劍鞘，以及用金屬和獸角裝飾表面的劍鞘出現，但這些劍鞘的實用性，遠不如想藉豪華雕飾突顯身分地位的意味來得多。

通常鞘的長度和形狀都跟「刀身長度與形狀」相同，不過凡事都有例外，例如**忍者刀**就是「刀身比刀鞘短」的武器，而**軍刀**也特別將刀鞘加寬，方便收納彎曲的刀身。

鞘的形狀

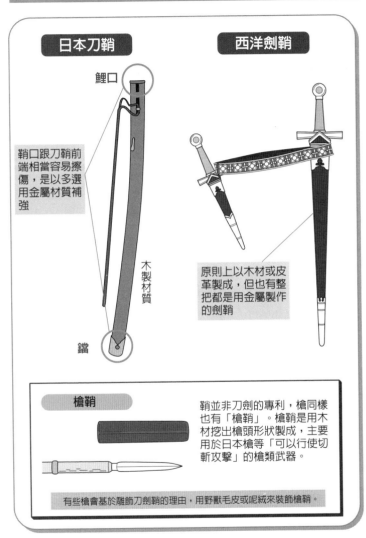

日本刀鞘

鯉口

鞘口跟刀鞘前端相當容易擦傷,是以多選用金屬材質補強

木製材質

鐺

西洋劍鞘

原則上以木材或皮革製成,但也有整把都是用金屬製作的劍鞘

槍鞘

鞘並非刀劍的專利,槍同樣也有「槍鞘」。槍鞘是用木材挖出槍頭形狀製成,主要用於日本槍等「可以行使切斬攻擊」的槍類武器。

有些槍會基於雕飾刀劍鞘的理由,用野獸毛皮或呢絨來裝飾槍鞘。

關聯項目

◆日本刀是什麼樣的武器?→No.008　　◆隱蔽用刀劍～忍者刀→No.066
◆騎兵馬刀～軍刀→No.055

鐵製拳套～鐵拳

至近距離

手指虎、鐵拳頭、鐵蓮花

鐵拳是指裝在拳頭上強化拳擊破壞力的武器。話雖如此,鐵拳的破壞力終究還是建立在使用者的「毆擊力量」之上,而這種武器本身的基本機能便是「保護拳頭」和「有效地將毆擊力量傳遞至目標物」。

➤ 與其說是武器,不如說是防具更貼切?

　　鐵拳俗稱手指虎、鐵蓮花,一般都是「有四個洞,可容納除大姆指以外的四隻手指的金屬塊狀物」的形狀。

　　根據「反作用力」原理,毆擊物體時必定會有相同力道的衝擊力反向朝拳頭作用,此時只要握緊鐵拳就能吸收、分散這股衝擊力;換句話說,拳頭在緊握鐵拳的時候便形同一個堅硬的鈍器,使用者完全不必顧慮拳頭會受傷,可以放手攻擊;就算原本赤手空拳無法出手的硬物,也可以大膽任意毆擊。

　　鐵拳的形狀是以「將四個鐵環連在一起的形狀」或「橢圓形鐵環的形狀」為基本,絕大多數都是能收進口袋的大小。其中狀似連環鐵環的鐵拳,又可以分成掌心處有個「形狀像耳朵的構造」,以及沒有此構造的鐵拳兩種,兩者的破壞力有很大的差別。這個「耳朵」能將毆擊產生的衝擊從手掌經由腕骨傳導至手腕,如此便能避免由拳頭承受全部的反作用力,而是用整隻手臂來吸收衝擊力。基礎構造愈堅固,毆擊的力量也就愈大,因此這種鐵拳的機能優於無耳朵構造的鐵拳。

　　跟鎚系打擊武器相較之下,這種試圖使拳擊力倍增的武器,其破壞力幾乎完全取決於使用者的格鬥技巧,基本上不會被用在戰場上。但鐵拳的尺寸便於貼身攜帶,還能使用拳擊和街頭鬥毆的技巧,不少有拳擊底子的保鑣會把鐵拳偷偷藏在懷中,混混和無賴也會拿鐵拳當作街頭逞凶鬥狠的武器,現今這種情形相當普遍。

鐵拳的機能在於保護並強化拳頭

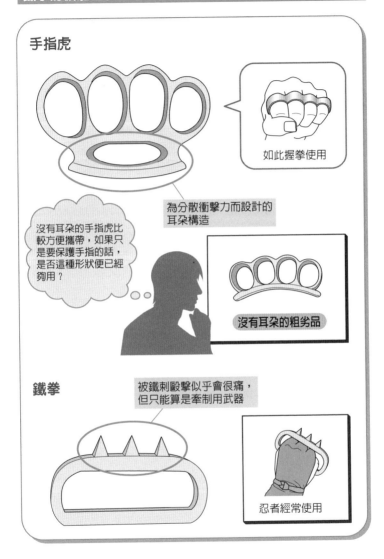

手指虎

如此握拳使用

為分散衝擊力而設計的耳朵構造

沒有耳朵的手指虎比較方便攜帶，如果只是要保護手指的話，是否這種形狀便已經夠用？

沒有耳朵的粗劣品

鐵拳

被鐵刺毆擊似乎會很痛，但只能算是牽制用武器

忍者經常使用

關聯項目

◆各式不同種類的鎚→No.012

87

攜帶式棍棒～短棍

至近距離

裹鉛皮棍、黑傑克

短棍泛指在圓筒狀皮革或布袋中裝滿砂石、硬幣或鐵球等填充物的毆打用武器，亦不乏有裝填鉛塊或鋼塊的短棍。使用這種武器的好處是不會發出聲響，因此頗受賭場與酒吧的保鑣愛用。

➤ 安全無害的防身用武器？

短棍就是「利用裝填物製作的短棍棒」的統稱。這種「皮袋裡裝填砂子或石頭製成的武器」誕生於十九～二十世紀，體積不大所以便於暗中攜帶。短棍因其構造固有特性，毆擊他人時幾乎不會發出聲響，而且短棍表面是用柔軟皮革製成，不留攻擊痕跡。

裹鉛皮棍堪稱是短棍的代名詞，是像鯛魚燒一樣把兩張鞋拔形狀的皮革對縫起來的武器，裡面則是裝填鉛塊等金屬代替紅豆餡。使用裹鉛皮棍時是要手持相當於鯛魚燒的「魚尾」部分毆擊對方頭部（尤其是後腦勺），此時外層的皮革可以吸收硬物敲擊頭部時發出的聲響，避免引起四周注意，卻能將人擊昏。黑傑克是一種較長的短棍，是將與「折疊傘」差不多大小的皮袋中裝填砂子而製成。雖然不及裹鉛皮棍短小便於攜帶，但黑傑克裝填的砂量較多，毆擊的破壞力自然比較大。

在各種創作世界當中，裹鉛皮棍和黑傑克頗受「賭場圍事的保鑣」或「壞警察」等人士愛用；這應該是因為短棍便於暗中攜帶，毆擊後又不容易留下痕跡的緣故吧！此外，任何人只要有充當袋子的材料和重物就能自行製作短棍，情勢危急時亦可馬上捨棄填充物、燒掉袋子，輕易湮滅證據。

儘管短棍類武器經常被稱為「能在不傷及性命的情況下使對方昏倒」的昏厥攻擊用武器，然而人類的頭部和後腦勺若遭重擊絕不可能安然無事，是以千萬要隨時注意手持這種武器靠近身邊的人。

皮革能吸收聲響

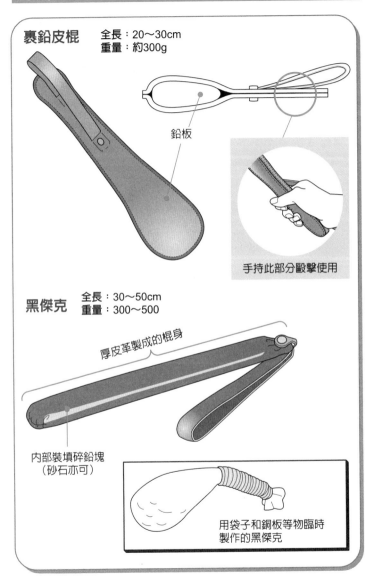

裹鉛皮棍
全長：20〜30cm
重量：約300g

鉛板

手持此部分毆擊使用

黑傑克
全長：30〜50cm
重量：300〜500

厚皮革製成的棍身

內部裝填碎鉛塊
（砂石亦可）

用袋子和銅板等物臨時
製作的黑傑克

武器破壞

作戰時喪失武器，不僅會造成戰鬥力大幅下降，精神面的嚴重動搖亦將使得敵人有機可趁。這種情形在一對一的作戰中尤其明顯，有時甚至會成為戰敗的致命點。

> 破壞武器使敵人動搖

　　什麼「將性命盡付於手上這柄武器」，根本就是乳臭未乾的小鬼才會說的蠢話。在作戰中失去武器，下場不是夾著尾巴落跑，就只有束手就擒任人宰割的份。失去武器當然還可以赤手空拳與人搏鬥，但若非精通此道者，此舉是相當危險的舉動。其實就某個層面而言，喪失武器可謂是「喪失性命」的同義詞。即便事先準備好救命丹（＝備用武器），當武器遭到破壞的瞬間，當事者其實會比原先預料的更加脆弱、更加毫無防備。因此「武器破壞」就是一種企圖製造此破綻、藉此掌握戰鬥主導權的戰術。

　　我們可利用「武器」、「盾牌」、「鎧甲」等手段防禦敵人攻擊，其中持武器**格架**最便於轉守為攻，特別常被用。格架經常用「武器錚鏦鏗鏘互擊」等字詞來敘述呈現，其利用揮擊武器的力量抵消、彈開敵人武器的技巧，而武器破壞則堪稱為格架的應用技巧。換句話說，只要「摒棄只求抵消對方攻擊的溫吞戰法，用企圖破壞武器的氣勢奮力揮擊」或是「利用過人的動態視力，瞄準敵人武器構造的弱點攻擊」，就能破壞敵人的武器。

　　採取武器破壞戰術時，武器的「強度」、「重量」是相當關鍵的因素。此戰術比較適用於**戰斧**等厚重不易缺刃、重心偏向前端的武器。**日本刀**在破壞對方武器前可能就會缺刃，所以不適用於武器破壞戰術，但卻可用鋒利的刀刃從柄部砍下**槍**頭。使用**西洋劍**或日本刀等低強度的武器最好避免正面交鋒，專攻敵人武器的弱點方為上策；如果敵人使用**連枷**便攻擊連接錘頭的鐵鏈部分，若敵人使斧則可攻擊多為木製的斧柄。

破壞武器之目的

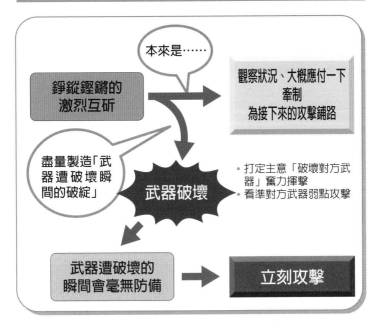

本來是……

錚鏦鏗鏘的
激烈互研

觀察狀況、大概應付一下
牽制
為接下來的攻擊鋪路

盡量製造「武
器遭破壞瞬
間的破綻」

武器破壞

・打定主意「破壞對方武
器」奮力揮擊
・看準對方武器弱點攻擊

武器遭破壞的
瞬間會毫無防備

立刻攻擊

適合採取「武器破壞」的武器

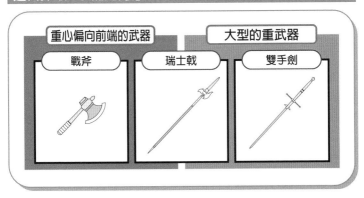

重心偏向前端的武器

戰斧

瑞士戟

大型的重武器

雙手劍

關聯項目

◆近身武器的防禦方法→No.005
◆日本刀是什麼樣的武器？→No.008
◆槍是騎兵的武器，還是步兵的武器？→No.015

◆連結式棍棒～連枷→No.030
◆戰鬥用斧～戰斧→No.035
◆細身劍～西洋劍→No.054

雙手持用的劍～雙手劍

遠距離

蘇格蘭闊刃大劍、日耳曼雙手大劍、雙手劍

十三～十八世紀歐洲使用的大型劍，劍身呈兩刃直刀構造，劍柄是雙手專用所以特別長，且武器頗重無法單手使用。雖然使用雙手劍無法持盾，然其破壞力卻絕對是西洋劍兵器之冠。

➤ 威力驚人但平時相當累贅

　　雙手劍顧名思義就是「雙手使用的劍」。這種武器並非指「亦可雙手使用」的意思，而是專指「只能雙手使用」的大型劍而言，若將特別加長的劍柄計算在內，雙手劍其實就跟普通人的身高差不多長。這麼大把的劍實在很難收劍入鞘或拔出劍鞘，所以只能用手拿或直接背在身後攜帶。

　　戰鬥時可以利用長度優勢，掄起雙手劍朝敵人**橫掃**過去；**突刺**也是頗有效的攻擊法；唯有容易敲擊到地面的**正擊**最好僅限於「最後一擊」使用，這種過重的劍使出正擊後會產生很大的空隙。雙手劍還能拿來砍斷長槍槍頭、破壞槍兵陣式，唯需注意避免在接下來的混戰中讓敵兵欺近身來。

　　雙手劍武器以蘇格蘭闊刃大劍、日耳曼雙手大劍最為有名。

　　蘇格蘭闊刃大劍是蘇格蘭高地人（Highlander）的劍，朝劍鋒傾斜的護手末端設有3～4個一組的環狀裝飾，乃其最大特徵。據說蘇格蘭闊刃大劍（Claymore）語源自蓋爾語*「巨大的劍」（claidhemoha mor）；此武器已經是「巨大的劍」的代名詞，但西洋亦另有普通尺寸、可掛在腰際的同名劍武器存在。

　　日耳曼雙手大劍（Zweihander）就是德語「雙手劍」的意思，因其形狀有別於其他雙手劍，故英語仍以其原名「Zweihander」特稱為「德製雙手大劍」。此劍的最大特徵便是劍身劍柄交界處的「無刃根部」（Ricasso）構造，方便使用者握住此處，能有效地掌握揮擊、戳刺等攻擊。除前述戰鬥用途以外，無刃根部亦可供皮帶綑套，便於攜帶。無刃根部並非日耳曼雙手大劍的專利，少數雙手劍或**西洋劍**亦有此構造。

雙手專用的大型劍

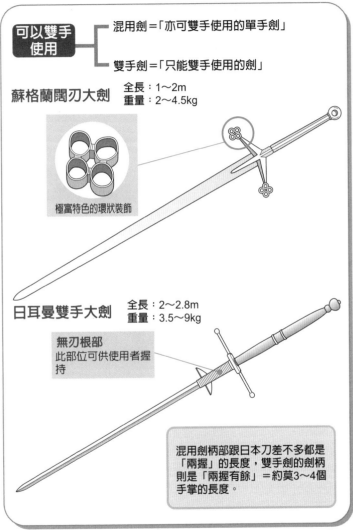

可以雙手使用 ── 混用劍＝「亦可雙手使用的單手劍」

── 雙手劍＝「只能雙手使用的劍」

蘇格蘭闊刃大劍
全長：1～2m
重量：2～4.5kg

極富特色的環狀裝飾

日耳曼雙手大劍
全長：2～2.8m
重量：3.5～9kg

無刃根部
此部位可供使用者握持

混用劍柄部跟日本刀差不多都是「兩握」的長度，雙手劍的劍柄則是「兩握有餘」＝約莫3～4個手掌的長度。

＊ 蓋爾語（Scottish Gaelic）：蘇格蘭北部塞爾特人使用的語言，與愛爾蘭語相當類似，16世紀時蘇格蘭當地使用蓋爾語的人約佔50%，但20世紀僅存1.5%不到。

關聯項目

◆近身武器的攻擊方法→No.004　　◆細身劍～西洋劍→No.054

No.043

戰鬥用鎚～戰鎚

戰鎚、巨鎚

戰鎚就是在堅實柄部前端裝設「鎚頭」與「鐵尖隆起構造」的武器。它跟活像個沙鈴的釘頭錘比較起來，其「大鐵鎚」般的外形正可謂是名符其實。

➤ 釘頭錘威力再提升！

戰鎚是特別著重釘頭錘「能對穿鎧甲的敵人造成有效殺傷力」特性研發成的武器。鎚頭部分呈 T 字型，同時具備平面鐵鎚、喙狀鐵尖兩種構造。使用鐵鎚這端便能得到**棍棒**、**釘頭錘**的攻擊效果，鐵尖構造足以堪貫穿敵人的鎧甲和身體。

戰鎚通常比釘頭錘巨大，使用的金屬量也多。此舉原本是要增加被稱為打擊武器生命的「武器重量」，但卻也大大提高了揮擊的難度，是故使用者需用雙手才能使戰鎚；雖然平添無法持盾的風險，但戰鎚的威力絕對值得使用者如此犧牲，它輕輕鬆鬆就能把堅固的板金鎧甲砸得稀巴爛。鎧甲內側固然裝填有具避震效果的材質，但終究不是現代機車安全帽使用的那種高機能緩衝材，被戰鎚砸到勢必肉迸骨裂、昏厥失神。

在眾多衍生自戰鎚的武器當中，「鴉啄戰鎚（意為烏鴉的嘴喙）」等「強化鐵尖機能的戰鎚」亦相當受歡迎。這種武器的形狀比較接近登山鎬、十字鎬，能夠像擊碎岩石般地貫穿堅實的鎧甲，給予敵人致命的傷害。

除此以外，還有把破壞城門或建築用的大型鎚具當成戰鎚使用的武器「巨鎚」。使用巨鎚這種武器與其說是「敲擊」、「毆擊」，還不如說是「轟擊」更加貼切，其威力絕對是鎚系武器之最。日本的「掛矢」亦屬此類，多用於野戰前的打樁作業，或者當作破壞城門的攻城武器使用。從前赤穗浪士*前往吉良邸討賊，破門而入時用的就是這個武器。

---

* 赤穗浪士：元祿 15 年 12 月 14 日（1703 年 1 月 30 日）夜裡，襲擊江戶本所松坂町的吉良上野介義央宅邸，為主君淺野內匠頭長矩報仇的 47 名前赤穗藩浪人。這是日本史最有名的討敵報仇事件，以此為題材的淨瑠璃、歌舞伎即所謂「忠臣藏」。

對鎧甲與身體皆有效的戰鎚

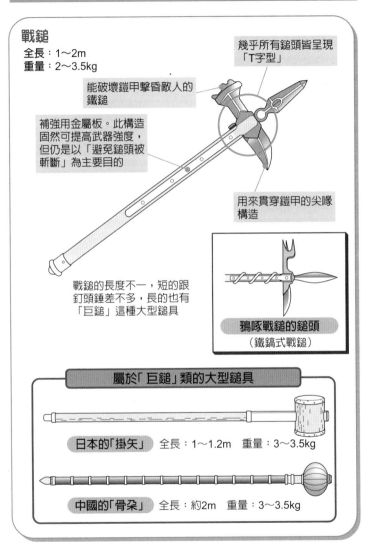

戰鎚

全長：1～2m
重量：2～3.5kg

幾乎所有鎚頭皆呈現
「T字型」

能破壞鎧甲擊昏敵人的
鐵鎚

補強用金屬板。此構造
固然可提高武器強度，
但仍是以「避免鎚頭被
斬斷」為主要目的

用來貫穿鎧甲的尖喙
構造

戰鎚的長度不一，短的跟
釘頭錘差不多，長的也有
「巨鎚」這種大型鎚具

鴉啄戰鎚的鎚頭
（鐵鎬式戰鎚）

屬於「巨鎚」類的大型鎚具

日本的「掛矢」 全長：1～1.2m 重量：3～3.5kg

中國的「骨朵」 全長：約2m 重量：3～3.5kg

關聯項目

◆各種棍棒→No.036　　　　◆鎚鉾～釘頭錘→No.037

西洋騎士的突擊槍～騎兵長矛

騎士槍、騎兵槍

是專為騎馬作戰設計的長槍。騎兵長矛絕大多數都是全長約3～4公尺的三角錐形狀,為方便騎士水平持槍,握柄部分做得特別細,後端(相當於劍的柄頭部分)則刻意設計得既粗且長。

> ➤ 徒步無法使用的騎兵長矛

　　騎兵長矛很容易跟步兵用的戰鬥長槍「鉤槍」（Ranseur）混淆*,但騎兵長矛本來就是「騎馬用的長槍」,基本上如果不配合馬匹便無法運用。

　　太長、太重及「除非騎馬無法搬運」是騎兵長矛必須配合馬匹使用的原因之一,如果冷不防突然開戰,光憑人類的腕力並不足以將騎兵長矛刺出。普通的槍就算無法使用「戳刺」,還是可以選擇「敲擊」攻擊法,但由於騎兵長矛的重心位於握柄附近,即使用長矛前端敲擊也不會有太大的殺傷力。

　　其次,使用騎兵長矛攻擊時並不是「舉矛向前刺出」,而是用長矛前端瞄準對方,「提矛」利用馬匹的衝刺力道「戳倒」敵人。這種突擊方式叫作「長矛衝鋒」（Lance Charge）,命中時「馬匹與騎士的質量＋衝刺速度」會直接轉化成威力,刺中要害時甚至可以造成致命的傷害。長矛衝鋒的關鍵因素就在於衝刺力,所以騎兵的作戰原則上應該要選在能自由操縱的馬匹的開闊場所,採取看準目標一擊後馬上脫離戰場的方式,但這種戰場同時也是「**長柄兵器的主場**」,是以騎兵必須隨時保持警戒,避免被從死角接近的步兵擊落、扯落馬背。

　　騎兵長矛除戰鬥用的金屬材質長矛以外,還有馬上槍競技（Joste）專用的木製長矛「競技騎槍」（Bourdonasse）。所謂馬上槍競技,就是由兩位全副武裝的騎士面對面策馬衝刺,趁擦身而過的瞬間,持騎兵長矛將對方擊落的競賽。這種兼具軍事演習意義的競賽相當頻繁,如果不小心殺死對方便無法達到訓練的本意,所以競技騎槍會故意製作得相當脆弱,命中目標的同時就會碎成裂片,避免致命傷害發生。

威力雖大，但僅限騎馬使用

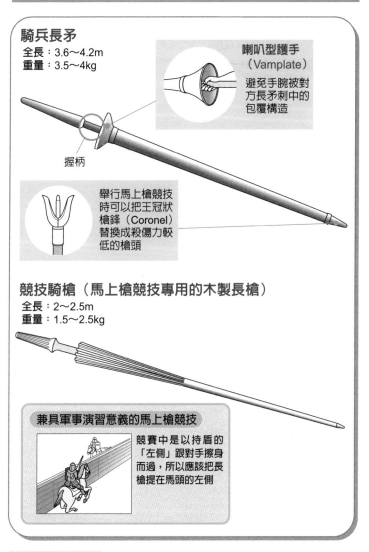

騎兵長矛
全長：3.6～4.2m
重量：3.5～4kg

喇叭型護手
（Vamplate）
避免手腕被對
方長矛刺中的
包覆構造

握柄

舉行馬上槍競技
時可以把王冠狀
槍鋒（Coronel）
替換成殺傷力較
低的槍頭

競技騎槍（馬上槍競技專用的木製長槍）
全長：2～2.5m
重量：1.5～2.5kg

兼具軍事演習意義的馬上槍競技
競賽中是以持盾的
「左側」跟對手擦身
而過，所以應該把長
槍提在馬頭的左側

＊混淆：騎兵長矛(Lance)跟鉤槍(Ranseur)的英文相差甚多，但兩者日文分別
寫作「ランス」、「ランサー」，所以才會混淆。

關聯項目
◆何謂長柄兵器？→No.017

日本槍之基本型～素槍

遠距離

直槍、菰穗槍、菊池槍、大身槍

戰國時代武士的主要武器。在木製長柄的前端,插上具刃部構造的金屬槍尖製成的武器。騎馬徒步兩相宜,但因為尺寸的緣故必須雙手使用。

➤ 應該選擇刺擊還是毆擊?

　　日本槍視槍頭形狀和用途大略分成素槍(直槍)、**鐮槍**和**鍵槍**等數種。其中槍頭筆直且無多餘構造的「素槍」重量比其他槍頭輕,所以除武士以外,亦非常適合戰鬥技術比較稚嫩的步兵或雜兵使用。素槍因其外形而亦稱直槍,主要採取迅速截刺「攻擊鎧甲接縫處」的攻擊方法。素槍亦另有小刀狀與前端稍寬的槍頭,分別叫作「菊池槍」和「菰穗槍」,兩者皆是以「刺擊」為基礎。槍頭更長更大更重的大身槍,則是另一種特別著重攻擊力的槍類武器,其威風凜凜的外形和一擊必殺的貫穿力,廣受征戰者愛用。

　　至於持槍攻擊敵人時應該朝何處刺,若敵我正面相對則應刺向喉頭至胸口一帶,若敵人採斜面站姿就應朝腋窩和大腿攻擊。但如果對臉上是寫著「初次上陣」四個大字的菜鳥,亦可出其不意攻擊「腳掌」等部位。

　　反過來如果我方是菜鳥的話,可別妄想能準確刺中對方鎧甲接縫等要害,此時只有把槍當作「棍棒」毆擊對方一途,長柄槍便是因此由素槍衍生而成的武器。

　　裝備全長達4～6公尺長柄槍的步兵隊叫作「長柄組(槍組)」,通常都是集體持長柄槍,同時從敵軍頭頂向下毆擊,破壞敵軍陣式。倘若放任敵方長柄組不予理睬,敵軍就會形成「槍衾」(槍壁)使我軍騎馬戰士無法發動突擊,此時則應當先從遠距離以箭雨攻之,然後派我方長柄組進軍擊潰對方。由此可見,長柄組也是左右戰役勝負的重要因素。

這就是標準的日本槍！

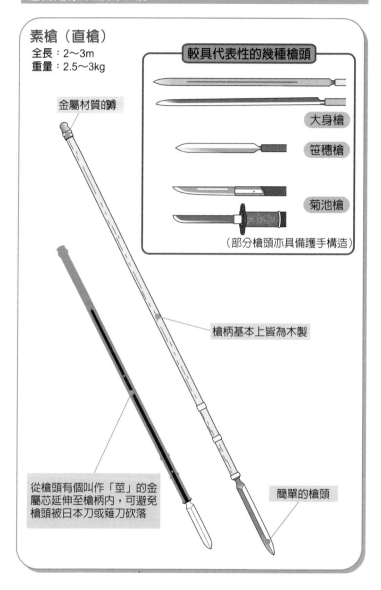

素槍（直槍）

全長：2～3m
重量：2.5～3kg

金屬材質的鐏

較具代表性的幾種槍頭

大身槍

笹穗槍

菊池槍

（部分槍頭亦具備護手構造）

槍柄基本上皆為木製

從槍頭有個叫作「莖」的金屬芯延伸至槍柄內，可避免槍頭被日本刀或薙刀砍落

簡單的槍頭

No.046

戰國武將專用長槍～鐮槍

遠距離

片鐮槍、兩鐮槍、十文字槍

戰國時代武士的主要武器。這種槍堪稱為素槍的進階武器，除刺擊外還有「斬切」「勾擊」等使用方法。鐮槍的使用難度比素槍高，頗受戰鬥技術較佳的「知名武將」等級人士愛用。

➤ 需具備相當技術才能使用的槍

　　鐮槍這種武器正如其名，是指「槍頭根部有鐮刃構造的槍」。突出的鐮刃叫作「枝」，可大致分成僅單側設有枝刃的片鐮槍，以及兩側皆有枝刃構造的兩鐮槍。這些額外設計使槍頭重量增加，所以鐮槍槍柄大多都比**素槍**短。鐮槍槍頭和枝刃絕大多數皆呈兩刃，朝兩側突出的枝刃還有制動效果，能避免槍頭刺得太深。

　　使用鐮槍戰鬥之精髓，當然就是如何有效運用左右突出的枝刃。首先用枝刃接住對方攻擊，咬住槍刃使其無法動彈，然後趁敵人膽寒惟怯之際提槍刺擊，或者用枝刃勾倒對方。對著重枝刃運用技巧的鐮槍而言，比普通素槍稍短的槍柄正巧恰到好處。

　　除鐮槍外，鍵槍也能採取相同的戰鬥方式。鍵槍柄部設有「類似十手*的鉤狀構造」，能像鐮槍一樣將敵人的武器絞落脫手，只不過鐮槍的枝刃是以突刺、切斬為目的，而鍵槍的鐵鉤則是特別強化勾、掛、絆、絞等用法。相較於鐮槍槍頭枝刃一體成型的設計，鍵槍的鉤狀構造更接近持柄處，便於使用者出力勾絞。而鍵槍的鐵鉤並無缺刃之虞，甚至還能視狀況取下鐵鉤，當成普通素槍使用。

　　由於前述突出構造的方向、位置在作戰中極為重要，所以鐮槍鍵槍必須使用斷面呈「桃形」的槍柄，如此則只需手握槍柄就能知道槍刃的方向，便於瞬間進行判斷以及在黑暗中作戰。想要使用多功能武器，當然必須具備相當程度的戰鬥技術，是故這些槍亦僅限「知名武將」使用。

經過進化後更符合戰鬥需求的槍

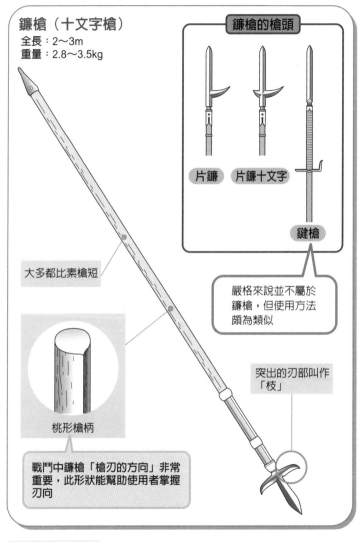

鎌槍（十文字槍）
全長：2～3m
重量：2.8～3.5kg

鎌槍的槍頭

片鎌

片鎌十文字

鍵槍

大多都比素槍短

桃形槍柄

戰鬥中鎌槍「槍刃的方向」非常重要，此形狀能幫助使用者掌握刃向

嚴格來說並不屬於鎌槍，但使用方法頗為類似

突出的刃部叫作「枝」

---

* 十手：在短棒握柄附近設置鉤狀構造，用來拘捕犯人的道具，據傳起源自安土桃山時代。

關聯項目

◆日本槍之基本型～素槍→No.045

融合斧與槍的武器～瑞士戟

`遠距離`

瑞士戟、長柄大斧、步兵長斧

瑞士戟是融合槍頭、斧刃和鉤狀突出物（錨爪）的長柄武器，因具備「斬」、「抵」、「勾」、「刺」等機能，而有最完美長柄兵器美名，至今仍舊被使用在某些儀式場合中。

➤ 可對應於各種狀況的高性能武器

瑞士戟的雛型首見於十三世紀，直到十五世紀（文藝復興時期）才漸趨普及。儘管瑞士戟連細部形狀都有各式各樣不同的款式，但這種融合槍斧鉤三者的武器幾乎都有「斧頭」構造，是以亦名長柄大斧、步兵長斧。

瑞士戟在日文中亦可譯作「斧槍」，可見瑞士戟的斧頭部分通常都相當巨大。早期瑞士戟曾經使用過四角形的斧頭，後來從十六世紀末開始經歷過軍隊遊行隊伍和儀式道具等用途，瑞士戟逐漸演變成現在彎月斧刃加上寬長槍頭的模樣。

使用瑞士戟這種多功能的武器，只要能成功把敵人引誘到開闊的場所，就可以視不同情況運用斧、槍、鉤爪進行攻擊。瑞士戟的基本戰法是用斧刃橫向揮擊，然後再用前端的槍頭攻擊貫穿闖近身來的敵人。鉤爪是此武器之精髓所在，一定要善加利用。雖然**長柄兵器**另有能將騎兵扯落地面，把步兵絆倒的戈刀（Bill）和戰鬥鉤（Battle Hook）等武器，但瑞士戟的鉤爪卻因為跟斧頭結合而增加不少重量，因此瑞士戟的鉤爪不僅可以用來勾扯敵人，還能利用其重量當成**戰鎚**揮擊，在敵人的鎧甲上開個大洞。

瑞士戟三百年來一直都是西洋軍隊的主力武器，然而瑞士戟卻正因為擁有眾多機能，適合使用臨機應變的戰術，反而造成「不是久經訓練的士兵便無法充分發揮其效果」的缺點，所以像邊境軍隊或是武裝起義的農民，似乎都比較偏好使用僅具「斬擊」、「勾擊」機能的長柄兵器。

最完美的長柄兵器

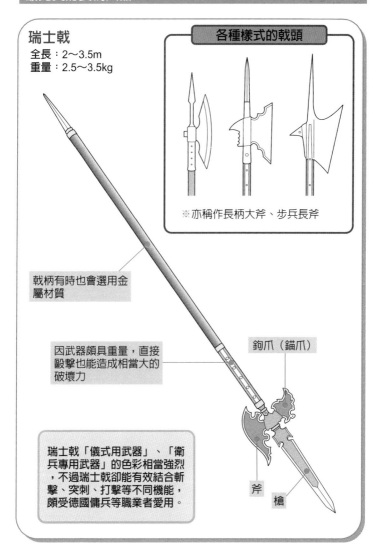

瑞士戟
全長：2～3.5m
重量：2.5～3.5kg

各種樣式的戟頭

※亦稱作長柄大斧、步兵長斧

戟柄有時也會選用金屬材質

因武器頗具重量，直接毆擊也能造成相當大的破壞力

鉤爪（錨爪）

瑞士戟「儀式用武器」、「衛兵專用武器」的色彩相當強烈，不過瑞士戟卻能有效結合斬擊、突刺、打擊等不同機能，頗受德國傭兵等職業者愛用。

斧

槍

關聯項目

◆戰鬥用鎚～戰鎚→No.043

長柄連結式棍棒～步兵連枷

遠距離

重連枷、長連枷

步兵專用的長柄連結式棍棒。其武器原理跟揮動前端棍棒、利用離心力毆擊敵人的騎兵專用「騎兵連枷」一樣，只是步兵連枷比較長，不但能連帶提升武器攻擊力，還能拿來對付遠處敵人或騎兵。

➤ 適合農民使用的強力武器

所有「連枷」其實都是由打穀用農具「梣」*發展成的武器，其中尤以步兵連枷為最長；步兵連枷不僅有效攻擊距離長，前端棒頭亦可藉離心力加速度轉化成驚人打擊力，只要隨便揮擊就能產生不錯的破壞力。

步兵連枷是非常有效率的武器，不論力道不足者抑或未經訓練的農民都能有效打擊敵人，但是另一方面，步兵連枷卻也並非像**戰鎚**或**瑞士戟**這種「可以視個人戰技高低選擇不同戰鬥方式」的極具潛力武器。光就這點來說，農民兵應該會比身經百戰的戰士更適合使用這種武器，因為像連枷這種衍生自日常慣用道具的武器，他們用起來會比劍、槍等武器更加順手。

除握柄比較長以外，步兵連枷的武器本質其實跟「利用鐵鏈繩索構造加速錘頭提升打擊力」的**連枷**沒有兩樣。所以連枷（騎兵連枷）有多少種錘頭，步兵連枷也都有相同機能、相同形狀的錘頭存在。

另外人稱「三截棍」（Triple Rod）或「三節棍」（Three Section Staff）的連結式棍棒，也是跟步兵連枷相當類似的武器。這種武器是用鐵鏈連接三節棍棒製成，有的三節棍棒同長，有的則是長短不一。雖說三節棍不好使用，難免會變成只有「身經百戰的戰士」才會使用的武器，但慣用三節棍者卻能使出比步兵連枷更加複雜的攻擊；三節棍除劈頭毆擊以外，還能用鐵鏈絞纏奪取敵人武器，並可以一面用中央的棍棒接住對方武器，一面用左右的棍棒進行攻擊。

長柄連枷

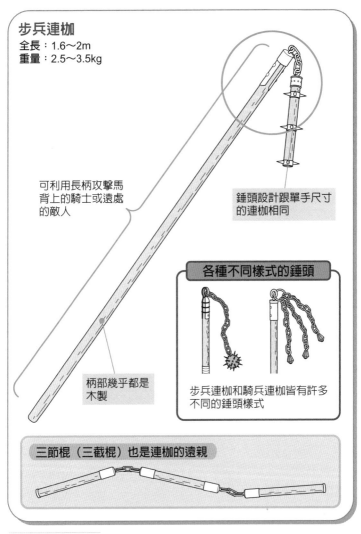

步兵連枷
全長：1.6～2m
重量：2.5～3.5kg

可利用長柄攻擊馬
背上的騎士或遠處
的敵人

錘頭設計跟單手尺寸
的連枷相同

柄部幾乎都是
木製

各種不同樣式的錘頭

步兵連枷和騎兵連枷皆有許多
不同的錘頭樣式

三節棍（三截棍）也是連枷的遠親

＊枷：一種農具。即用來打穀的連枷。玉篇・木部：「枷，今連枷，所以打
穀也」。

關聯項目

◆連結式棍棒～連枷→No.030　　◆融合斧與槍的武器～瑞士戟→No.047
◆戰鬥用鎚～戰鎚→No.043

投擲石塊的繩索～投石索

遠距離

投石器、捕獸繩、多球捕獸繩

最原始的「投擲石塊」攻擊，經過時間而演變成的武器。投石索是把繩索中央結成繩袋包住石塊，執繩索旋轉甩動以後鬆開繩索。如此石塊就會乘著離心力脫開繩套，直直朝目標物飛轉過去。

➤ 利用旋轉使彈體加速

人類自古便懂得要投擲石頭攻擊遠處的敵人，可是光憑肌力投擲石塊，效果仍是相當有限，於是古人想到利用「離心力」。可別小看這離心力的投擲效果；以下兩種競技雖因規則不同無法直接相提並論，但從田徑的「鉛球」項目就不難發現，單憑肌力「推鉛球」頂多只能達到約20公尺的飛行距離，但參賽者利用旋轉增加鉛球速度的「拋鏈球」，能把相同重量的鉛球投到80公尺以外的地方。

投石索的形狀跟「吊床」頗為類似，使用時是把鉛製的「投石索彈丸」（Sling Bullet）包在吊床的中央部分，手握繩索兩端在頭頂旋轉，待獲得足夠的離心力以後放開繩索的其中一端，彈丸就會趁勢破風飛去。投石索放開繩頭的時機不易掌握，初學者通常很難成功投擲至目標方向，但彈體的威力終究比光靠臂力投擲來得大。投石索彈丸的彈體愈大，威力也就愈大，然而彈體太過巨大也會妨礙旋轉加速，因此大部分都是用鉛等材質製作體積小、質量大的彈體。

投石索固然需要比**長弓**、**十字弓**更多的訓練和技術，卻有個相當大的優勢，就是「體積小方便攜帶」。投石索是用繩索或布匹製成，只要捲一捲隨手一塞，輕鬆寫意毫不費事；若投石索彈丸如果用盡，也只要隨地撿拾「石塊」便能替代。這些優點都是長弓和十字弓沒有的長處，足以彌補投石索射程與威力不足之缺點。

投石用彈體加速器

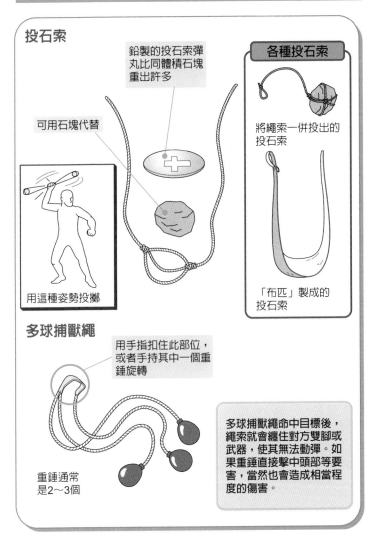

投石索

鉛製的投石索彈丸比同體積石塊重出許多

可用石塊代替

用這種姿勢投擲

各種投石索

將繩索一併投出的投石索

「布匹」製成的投石索

多球捕獸繩

用手指扣住此部位，或者手持其中一個重錘旋轉

重錘通常是2～3個

多球捕獸繩命中目標後，繩索就會纏住對方雙腳或武器，使其無法動彈。如果重錘直接擊中頭部等要害，當然也會造成相當程度的傷害。

關聯項目

◆遠距離攻擊用武器「投射武器」→No.019
◆弩～十字弓→No.050
◆長弓→No.082

弩～十字弓

遠距離

弩槍

十字弓是利用與木製底座（台座）呈直角的弩弓，發射外形粗短、狀似飛鏢的短箭攻擊目標的投射武器。弩弓部分是用彈簧板製成，武器體積雖小，射出來的箭卻是力道強勁。

➤ 高命中率是最大優勢

十字弓是用於「近距離狙擊」的武器。儘管各種投射武器形形色色、五花八門，從徒手拉弦的**長弓**、投擲用長槍**標槍**、投擲石塊的**投石索**、到**飛刀**和**手裡劍**等投擲用小型刃器，但沒有任何一種飛行道具能夠在「精準度」上勝過十字弓。一般飛行道具都是單憑「射手的感覺」瞄準目標，相對的十字弓則擁有類似來福槍的底座構造，連菜鳥都能簡單使用。

狙擊往往給人「遠距離」攻擊的印象，但其實是人類發明有膛線（Rifling）構造的「鎗」，並能夠從遠處準確擊中目標後才有的概念。十字弓雖然只有50～100公尺的有效射程，卻能用徒手投擲武器遠遠不及的精準度命中目標〔大名鼎鼎的威廉・泰爾（Guillaume Tell）將兒子頭頂的蘋果擊落時，使用的正是十字弓〕。使用弓箭必須一面拉弓一面瞄準，徒手投擲的投射武器也必須在投擲動作中瞄準目標；相較之下十字弓卻能固定弓弦，就可以摒除其他顧慮，專心瞄準目標，再加上十字弓每次拉弓的力道都相同，亦有助於射手預測箭矢飛行軌跡，提高命中精準度。而這麼優秀的武器，若能夠再增加射程就更完美，於是人類不斷致力於研發強度更高的彈簧板，甚至後來的十字弓已無法單憑人力引弦，必須借助於各種輔助構造，像是運用槓桿原理的羊腳式長桿、利用齒輪絞開弓弦的設計等。大型化的十字弓威力當然也非常霸氣，可以輕易射穿板金鎧甲。也因為這個緣故，十字弓比較不適合講究射擊速度的野戰，大多都是被使用於要隱身於城壁後方、準確狙擊射倒敵兵的城堡守衛戰等防守戰上。

城堡防衛戰的可靠武器

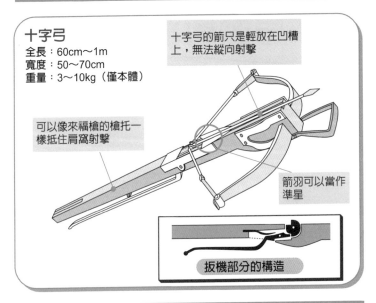

十字弓
全長：60cm～1m
寬度：50～70cm
重量：3～10kg（僅本體）

十字弓的箭只是輕放在凹槽上，無法縱向射擊

可以像來福槍的槍托一樣抵住肩窩射擊

箭羽可以當作準星

扳機部分的構造

十字弓的箭

弩箭（亦稱粗箭、方鏃箭）

用來深深刺進目標物的箭頭

用來擊破木板的箭頭

命中後讓敵人拔不出來的箭頭

用來射擊金屬鎧甲等平滑面的箭頭

弩箭是十字弓專用的箭，其特徵是比普通弓的「箭」（Arrow）粗短箭頭多呈角錐狀，箭羽則用皮革或木材製成

關聯項目
◆遠距離攻擊用武器「投射武器」→No.019
◆投擲石塊的繩索～投石索→No.049
◆十字弓發射前的準備→No.051
◆投擲槍～標槍→No.073
◆一發必中～飛刀→No.079
◆黑暗中的利器～手裡劍→No.080
◆長弓→No.082

十字弓發射前的準備

只要做好發射準備，任何人都能射出同樣的威力和射程。十字弓雖然不像普通弓箭的射擊結果容易受射手個人能力影響，但「發射前的準備」卻相當費事。

➤ 射擊一次耗時一分鐘

十字弓不適合快速射擊。**長弓**的發射程序：「箭尾抵住弓弦→拉滿弦後放手（射擊）」可說是非常簡單；相反的，十字弓的使用步驟：「拉滿弦並固定住→將弩箭置於底座（台座）上→瞄準→扣扳機射擊」卻相當繁複。

由於十字弓的弩弓比普通弓精巧，若想要獲得足夠的威力，勢必要用張力比弓更強的弩弓，使用者需用更強的力量才能拉動弓弦，同時弓弦也更難固定至發射位置，於是此陷入射擊速度愈來愈慢的惡性循環。儘管如此，「任誰都能射出強勁的箭」的魅力終究令人難以抗拒，十字弓弦也就愈做愈強。

等到弓弦太強雙手拉不動以後，遂發明了「Belt & Draw」的方法。此法是利用比手臂更強壯的「下半身肌肉」，先用腰帶上的鉤子勾住弓弦，然後單腳踩住前端腳鐙把腿打直，將弓弦拉到定位。

後來十字弓的弓弦張力已經強到連前述方法都拉不動時，又發展出許多專門用來拉弦的輔助構造，其中較具代表性的有：在底座加裝狀似起釘器的長桿，利用槓桿原理拉弦的「羊腳式十字弓」，轉動旋柄牽動齒輪拉開弓弦的「曲軸式十字弓」，以及利用大型滑輪捲開弓弦的「絞盤式十字弓」。這些十字弓基本上都有些共同點：笨重、容易故障、體積龐大。這種不用輔助構造就無法使用的大型十字弓又叫作「重十字弓」，雖然威力和命中率皆相當優越，但每分鐘的射擊速度卻只有弓的一半到六分之一（每分鐘約1～2發）而已。

各式十字弓的發射準備

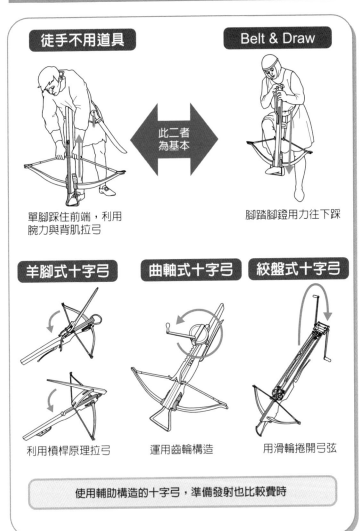

徒手不用道具

單腳踩住前端，利用
腕力與背肌拉弓

Belt & Draw

腳踏腳鐙用力往下踩

此二者
為基本

羊腳式十字弓

利用槓桿原理拉弓

曲軸式十字弓

運用齒輪構造

絞盤式十字弓

用滑輪捲開弓弦

使用輔助構造的十字弓，準備發射也比較費時

＊Belt & Draw：日語原文雖作「ベルト＆クロワ」（Belt & Crawl），但一般
皆作「Belt & Draw」；「Belt」是腰帶，「Draw」則是拉扯的意思。

關聯項目

◆弩～十字弓→No.050　　　　◆長弓→No.082

斧與釘頭錘要如何攜帶？

刀劍有刀鞘劍鞘，可供收入鞘內攜帶，遇戰時再從容地拔刀出鞘即可。斧和釘頭錘的大小亦跟刀劍相去不遠，卻沒有鞘的裝備。這類武器應該如何攜帶？

➢ 基本上以手持攜帶為原則

除**刀劍**以外還有什麼武器威力不差，而且還算容易攜帶？大概就是**斧**跟**釘頭錘**了。此二者是具備「斧頭」和「錘頭」構造的有頭武器，不像劍是「筆直的棒狀」所以無法收納入鞘。沒有鞘要怎麼攜帶？答案很簡單，直接用手拿就好了。

斧和釘頭錘這類武器除戰爭以外，其實不怎麼需要隨身攜帶，有別於劍等平常可以用來防身的武器。就算臨時要搭配其他武器使用，也只要隨便往腰帶裡一插即可。此外，這類武器經常被騎兵當作輔助性武器使用，通常都是綁在馬鞍馬具上，或是讓隨從拿在手上。

若想在使劍或**槍**的同時攜帶有頭的武器，大概可以有兩種作法。

第一種是在握柄末端裝設圓形吊帶，掛在腰帶的鉤子上。此時武器的握柄就在手邊，遇到突發狀況便於隨機應變，可是武器頭部朝下容易搖搖晃晃不甚安定，步行或騎馬時搖晃的武器常常會傷到騎士的腳或馬匹，是故有些武器必須使用護套，缺點是每次發動攻擊都要先取下護套。

另一種作法則是使用固定在腰帶上的「套環」。此法是把有頭武器的柄部插進套環內，如此一來斧頭錘頭的重心比較接近腰部，所以安定性較高。雖然握柄的長度或多或少也會有影響，不過這種攜帶法最大的優點就是只要動作別太劇烈，武器便不會掉落，就連攜帶斧這種鋒銳的武器也不必使用護套，唯獨無法拔出武器迅速攻擊的缺點，略遜於掛鉤式攜帶法。

攜帶刀劍以外的武器

Q：下列何者是最常見的攜帶方法？

① 直接用手拿

② 用吊帶掛在腰帶的鉤子上

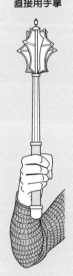

③ 將柄部插在腰帶的套環中

解答：①
除了劍和短劍以外，幾乎所有武器不是直接用手拿，就是隨隨便便插在腰帶等部位。騎兵通常會把武器綁在馬具上，或是讓隨從拿在手上。不過②與③的方法也同樣有人使用。

關聯項目

◆劍有何特徵？→No.007
◆日本刀是什麼樣的武器？→No.008
◆槍是騎兵的武器，還是步兵的武器？→No.015
◆斧是蠻族的武器？→No.010
◆鎚鉾～釘頭鎚→No.037

近身武器與魔法

在神話傳說和有歐洲中世紀世界觀的故事、遊戲裡，經常會有「魔法」的概念。儘管「魔法」一詞總是給人一種不可思議、常理無法理解的感覺，但在這些世界裡卻是種純粹的知識、技術。魔法對我們來說其實就跟「核能」、「基因工程」和「奈米科技」一樣，都是普通人難以理解、無法運用的概念，但確實存在於世間。有人說「優秀的科學技術其實就跟魔法沒有兩樣」，而且二者都有個共同的特徵——使用不當將造成相當嚴重的後果。不僅如此，科技經常是隨著「武器」同步發展，同樣的魔法跟武器的關係也非常密切。

在魔法存在的世界裡，經常可以發現許多用魔法創造出來的「魔法武器」，其中又以能夠從劍尖放出閃電、從柄頭發射火球的魔法武器最受喜愛。這是讓武器發射戰鬥用攻擊魔法，使其能夠同時對應於「接近戰」和「遠距離攻擊」的產物，看起來華麗又帥氣，所以經常被使用在各種遊戲裡。

如果作品的世界觀比較黑暗、沉悶的話，則前述的「投射系」魔法若非不存在，就是很難操縱控制，倒是「當成普通武器使用便能得到額外的魔法破壞力」的武器比較多，諸如能從傷口灼傷敵人的燃燒的劍，或是戳刺物體便能引發爆炸的槍等。神話或傳說中諸神授予凡人的武器，亦多屬此類。

除了直接利用魔法攻擊的武器以外，還有藉魔法強化武器機能的魔法武器，如絕對不會缺刃的劍、可將砍擊時沾到的油脂溶解的刀、每擲必中的槍等。這種魔法武器只要「當成普通武器使用」便能發揮效果，是以並無使用者的限制。所謂的「勇者之劍」大概都有這種魔法屬性。

其次，攻守之勢靈妙有如生物的鎖鏈、投擲後能像回力棒（Boomerang）自動返回手中的鎚具、抑或能夠斬擊敵人令其變身的劍等，效果介於直接攻擊和強化機能兩者間的魔法武器亦為數不少。這種堪稱「能力附加系」的魔法最能出乎敵人意料，只要善加運用便能掌握戰鬥主導權，令敵人無暇反擊。相對的，使用這種武器卻也必須時時注意，避免讓敵人得知武器「具有何種能力」、「使用能力是否有任何制約」。

會詛咒持有者的武器，也是魔法武器的一種。這種武器包括佔據持劍者意識使其變成不同人格的劍、吸取周遭人運氣的劍、必須連續不斷地殺人的刀等，各式各樣林林總總，但不知為何這種內藏負面意志的武器，大多數都是劍；可能是受詛咒的劍「雖可獲得強大威力或特殊能力，持劍者卻必須付出靈魂遭蠱食吞噬，或逐漸變成非人怪物的代價」的等價交換特性，有一種強調故事悲劇性的效果存在吧。

第3章
技巧型武器

「技巧型武器」與技巧型戰士

手執武器作戰的人，並不一定都是滿身肌肉的大隻佬。不憑恃蠻力，靠著技巧跟時間差來制服敵人的「技巧型戰士」，究竟會選用何種武器來充分發揮戰鬥技術呢？

➤ 藉優異技巧制敵的武器

武器是將揮舞的動能轉化成破壞力，藉此殺傷敵人的工具。先不論統治者或猻突勇猛者要誇示力量的情境，如果只是要打倒敵人的話，根本不必「浪費力量將敵人剁成肉醬或殺得體無完膚」，因為人類的身體非常脆弱，只消擊中敵人要害便能輕易地使其無法動彈。

以拳擊競賽為例，追求最合乎常理的勝利方式的「技巧型戰士」，就好比利用敵人的力量及時間差將對方K.O.的「反擊拳」。對技巧型戰士來說，**正擊**和**橫掃**不過是必殺一擊的前奏而已；他們使用這兩種攻擊法之目的若不是要讓敵人負傷膽怯，就是要激怒敵人使其無法冷靜判斷戰況。致命必殺一擊的攻擊法當屬「**突刺**」最為適宜；突刺不只能有效攻擊鎧甲間的縫隙，凝聚於武器前端的破壞能量，亦毫不遜色於**力量型戰士**的斬擊。

技巧型戰士大多偏好能夠使用各種戰鬥技巧，經過訓練後能提高攻防精確度的武器。在劍類武器當中，戰士往往會選擇輕而易使的**西洋劍**或**長劍**，捨卻威力講究精確度，並且刻意單手使用武器。打擊系武器則多執**四角棍**等可採突刺攻擊的武器，佯攻牽制則可選用**飛刀**或**手裡劍**等小型飛行道具藏於懷中。

使用前述武器必須具備良好的瞬間爆發力，而瞬間爆發力又跟戰士的肌力和體力息息相關。技巧型戰士絕非力量微薄，既然要手執武器作戰，當然就必須具備相當程度的肉體耐力。另一方面，技巧型戰士的瞬間爆發力和平衡感大多皆優於力量型戰士，如果讓技巧型戰士手執**長柄大鎌**或**鞭**等高難度武器，就會明白技巧型戰士的程度其實有多麼恐怖。

適合技巧型戰士使用的武器

使用者

技巧型戰士

特徵
- 技術：使用高難度武器有如四肢般靈活
- 瞬間爆發力：讓敵人無暇閃避、反擊
- 平衡感：重心不穩仍然能進攻

基本武器

透過訓練便能
提升精確度的武器

西洋劍

長劍

像棍棒等能使用「戳擊」
的打擊武器，亦足以發揮
技巧型戰士的戰鬥技巧。

牽制用

小型飛行道具

需具備相當技術的武器

長柄大鐮

鞭

愈難用的武器愈能發揮技
巧型戰士的真本領

關聯項目

◆近身武器的攻擊方法→No.004
◆切斷・斬擊・突刺・打擊→No.006
◆「力量型武器」與力量型戰士→No.022
◆細身劍～西洋劍→No.054
◆三尺劍～長劍→No.056

◆棍杖～四角棍→No.072
◆大型鐮刀～死神鐮刀→No.076
◆動若靈蛇的長鞭～鞭→No.077
◆一發必中～飛刀→No.079
◆黑暗中的利器～手裡劍→No.080

細身劍～西洋劍

中間距離

西洋劍

十六～十七世紀歐洲使用的突刺用劍，劍身呈兩刃直刀的中型武器。基本上握柄多是單手專用，許多西洋劍都有包覆拳頭的瑰麗護拳。

➤ 優雅高貴的劍

　　西洋劍是種劍鋒尖銳、刀身細長的劍。其最大特徵便是比**混用劍**或**雙手劍**等劍兵器「更細更輕」，柄部周圍多施有紋飾。西洋劍以「貴族和紳士使用的劍」為人所知，發明當時，鎗炮已漸漸抬頭，板金鎧甲和盾牌則開始式微。

　　想要在戰場捕捉到敵人敏捷的動作，勢必要使用「輕巧容易瞄準目標的細身劍」。此劍構造是專為突刺攻擊而設計，可活用其輕靈的特性「善用敵我距離」作戰。若敵人是使用混用劍等比西洋劍大型的武器，則我方可以在短時間內連續刺擊，攻破防禦殺傷敵人。

　　若敵人亦持西洋劍對陣，雙方勢必會展開宛如擊劍競技（Fencing）般的激烈對戰。為求在這場攻防中佔得上風，持西洋劍者遂於左手另持小型盾牌專司防禦；後來這些盾牌亦遭**左手用短劍**等左手專用的短劍取代，因為盾牌僅具防禦機能，左手專用短劍卻還能纏住敵劍、趁隙攻擊。此外西洋劍本身還設有纏繞金屬棒製成，用來進行防禦和格架的劍柄（Hilt），以及碗狀構造的護拳式劍柄。

　　使用西洋劍的時候，千萬要特別注意極為脆弱的劍身。在西洋劍的全盛時期，「所有人都用西洋劍當武器」倒是無妨，可是倘若真的無法避免必須跟**闊劍**對決時，最好能及早分出勝負，否則將會相當危險；只要西洋劍採取防守態勢，劍身終將無法承受標準尺寸之劍的攻擊，而從中斷成兩截。

近代最具代表性的突刺用刀劍

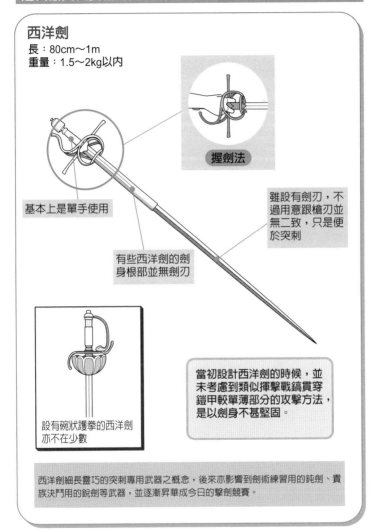

西洋劍

長：80cm～1m
重量：1.5～2kg以內

握劍法

基本上是單手使用

有些西洋劍的劍身根部並無劍刃

雖設有劍刃，不過用意跟槍刃並無二致，只是便於突刺

設有碗狀護拳的西洋劍亦不在少數

當初設計西洋劍的時候，並未考慮到類似揮擊戰鎬貫穿鎧甲較單薄部分的攻擊方法，是以劍身不甚堅固。

西洋劍細長靈巧的突刺專用武器之概念，後來亦影響到劍術練習用的鈍劍、貴族決鬥用的銳劍等武器，並逐漸昇華成今日的擊劍競賽。

關聯項目

◆寬刃劍～闊劍→No.025　　　　　◆雙手持用的劍～雙手劍→No.042
◆一手半劍～混用劍→No.026　　　◆左手專用的短劍～左手短劍→No.064

騎兵馬刀～軍刀

中間距離

軍刀、馬刀、佩劍

十六世紀以後歐洲使用的騎兵用中型劍。刀身以單刃為主，外形則有直刀、彎刀、折衷（半彎刀）等不同形狀，單手用握柄處皆設有保護手指與拳頭的護拳，是所有軍刀共通的特徵。

➤ 因戰術而異的刀身形狀

　　「軍刀」有各式各樣不同形狀的刀身。可以大致分類成「兩刃直刀式」和「單刃彎刀式」兩種，刀身長且輕巧，便於騎馬時單手使用。若是**長劍**或**西洋劍**等承續歐洲刀劍傳統的直刀式軍刀，多是「藉馬匹突進力刺擊敵人」使用；若是受中東**波斯彎刀**影響的彎刀式軍刀，則比較適合「策馬迎敵待錯身之際舉刀剖剮」的使用方法。

　　至於一般現代人印象中的軍刀，則是介於前述二者的折衷式軍刀，刀身根部近似直刀，刀尖的圓弧曲線卻像彎刀。這種曲線優美的「半彎刀式」軍刀本是單刃構造，唯刀身前端的三分之一呈兩刃設計，突刺、斬擊皆宜。這種刀尖構造叫作「假刃」，亦是日後軍刀的基本特徵。

　　時至十八～十九世紀（帆船時代），又有「佩劍」和「水手用軍刀」等堪稱為軍刀派產物等劍兵器出現。

　　佩劍是常用於狩獵的斬擊用刀劍，主要都是一般市民打獵使用。德國和俄羅斯的軍隊亦曾選擇佩劍作為備用武器，以防萬一步槍、刺刀皆無法使用的突發狀況。船員（水手）常用的水手用軍刀則是以初期佩劍為原型，改良成適合海戰使用的劍兵器；其特徵是刀身稍短，便於在狹窄且立足不穩的船面使用。

　　佩劍和水手用軍刀的前端，都跟軍刀同樣設有「假刃」的構造，但刀身卻比軍刀來得寬，這是因為軍刀還必須另外考慮要在騎馬時使用所致的差異。

騎兵馬刀及其派系產物

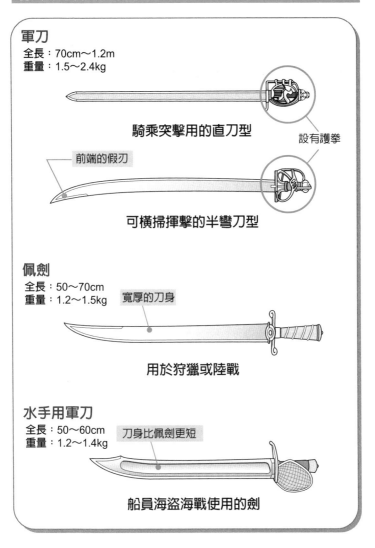

軍刀
全長：70cm～1.2m
重量：1.5～2.4kg

騎乘突擊用的直刀型

設有護拳

前端的假刃

可橫掃揮擊的半彎刀型

佩劍
全長：50～70cm
重量：1.2～1.5kg

寬厚的刀身

用於狩獵或陸戰

水手用軍刀
全長：50～60cm
重量：1.2～1.4kg

刀身比佩劍更短

船員海盜海戰使用的劍

關聯項目

◆細身劍～西洋劍→No.054　　　　◆中東彎刀～波斯彎刀→No.058
◆三尺劍～長劍→No.056

三尺劍～長劍

騎士劍

十一～十六世紀歐洲人使用的斬擊用劍。屬於中型武器，握柄長度適合單手持用。刀身呈兩刃直刀，不過刀身寬度、血溝（專門用語稱作樋＝Fuller）有無等細節則視時代而異。

➢ **標準的西洋劍兵器**

長劍在西洋是早從「劍」的黎明時期便已經存在的古老武器。據傳長劍源自羅馬帝國滅亡後歐洲黑暗時代諾曼人（Norman）與維京人使用的劍；在歐洲漫漫歷史長河中，長劍一直都被視為標準劍兵器而使用著。

初期的長劍因為受到材質強度限制，劍身根部相當厚重。這是因為當時尚未確立鋼鐵的煉製法，只能用淬火法來鍛造劍身，此法只能強化劍的表面，但鑄成的劍每經撞擊皆會不斷損及武器強度；再者，劍芯內部未經淬火、質地仍舊相當柔軟，倘若武器強度達到極限，雖然不會「折裂」，但是卻會「彎曲」。

人類發明鋼鐵鑄劍以後，長劍的劍身遂愈趨細長銳利，戰法亦由從前以斬擊為中心的攻擊法，改以突刺攻擊為主體。其外觀亦與初期截然不同，已經粗具現代「長劍」的模樣。參加十字軍的騎士所攜長劍亦稱「騎士劍」（Knight Sword），此時正值長劍形狀變化的過渡期；劍身泰半呈扁平狀，整體而言多未經任何紋飾，設計相當簡素。

此武器固然名曰「長劍」，其實卻並非「特別長的劍」的意思。就好像日本刀的**打刀**相對於**脇差**亦稱「大刀」，同樣的道理，所謂長劍只是指比**短劍**和**匕首**來得「長」而已。換句話說，長劍此名只不過是中世紀後期為區別其他的劍兵器而產生的權宜分類。此外，日本在以西洋中世為舞台的奇幻作品尚未萌芽以前，便已經有些初期遊戲將相當於長劍的劍兵器稱作「普通劍」。

騎士的劍

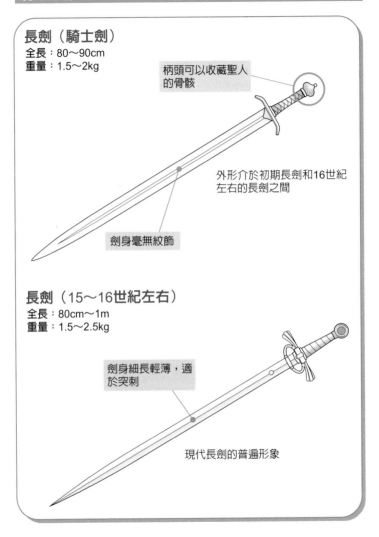

長劍（騎士劍）
全長：80～90cm
重量：1.5～2kg

柄頭可以收藏聖人的骨骸

外形介於初期長劍和16世紀左右的長劍之間

劍身毫無紋飾

長劍（15～16世紀左右）
全長：80cm～1m
重量：1.5～2.5kg

劍身細長輕薄，適於突刺

現代長劍的普遍形象

關聯項目

◆劍身形狀與材質的關係→No.023　　◆八寸短劍～匕首→No.062
◆小型劍～短劍→No.032　　◆小型日本刀～脇差與小太刀→No.065
◆日本武士刀～打刀→No.059

專司突刺的劍～刺劍

中間距離

刺劍、穿甲刺劍、穿甲劍

十三～十七世紀歐洲的中型劍。劍身的形狀就像枝粗實的針，並沒有可供切斬的劍刃構造。握柄長度雖足夠雙手使用，但刺劍是柄突刺專用的劍，因此有時必須緊握「護手部分」才能盡全力刺擊。

➢ 專為「突刺」設計的劍

這種劍是早在**西洋劍**問世前便已經存在的「突刺攻擊專用劍」，其特徵就是粗針般的無刃劍身，是專為刺穿「鎖子甲」（Chainmail）應運而生的劍。

其中以「刺劍」的貫穿力最為驚人，據說「能夠貫穿包括金屬材質在內的絕大多數鎧甲」。然而，即便刺劍的機能如此優越，使用者最好還是別輕易嘗試，因為金屬的摩擦力可是出乎意料的大，貫穿鎧甲後恐怕會拔不出來。刺劍劍鋒固然極為尖銳，但照理說只要筆直朝相同方向就能把劍拔出來才是，可是實際在戰場上，敵我雙方無時不在動作，刺劍恐怕沒這麼容易可以拔出是以，持刺劍作戰最好將連人帶甲刺穿的攻擊當作是萬不得已的最後手段，主要仍應採取「攻擊鎧甲縫隙」方為上策。

這些重視貫穿力的劍兵器亦稱「穿甲劍」，本是輕騎兵騎馬使用的單手劍，轉而演變成步兵或騎兵下馬使用的武器。大部分步兵用刺劍的握柄長度都足夠雙手使用，劍身亦愈趨大型化，所以都是裸劍不用劍鞘直接用手拿，或是背在身後攜帶。

十六世紀中葉的德國還有一種貴族狩獵用的突刺劍「獵劍」（Hunting Sword）蔚為風行。獵劍的劍尖酷似槍頭，主要是用來從馬背上刺擊野豬等獵物；此劍亦名「豬牙劍」（Boar Spear Sword），為方便刺擊獵物以及命中後能順利拔出劍身而特別將握柄設計的略長，使用時是反手持劍，從馬背上向下戮刺。

針狀的突刺劍

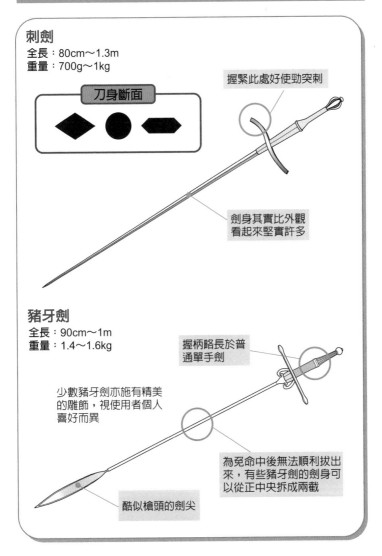

刺劍
全長：80cm～1.3m
重量：700g～1kg

刀身斷面

握緊此處好使勁突刺

劍身其實比外觀
看起來堅實許多

豬牙劍
全長：90cm～1m
重量：1.4～1.6kg

握柄略長於普
通單手劍

少數豬牙劍亦施有精美
的雕飾，視使用者個人
喜好而異

為免命中後無法順利拔出
來，有些豬牙劍的劍身可
以從正中央拆成兩截

酷似槍頭的劍尖

關聯項目

◆細身劍～西洋劍→No.054

中東彎刀～波斯彎刀

中間距離

新月刀、波斯彎刀

十三世紀以後中近東地區使用的切斷系劍。屬於中型武器，刀身形狀以單刃彎刀為主。握柄皆為單手使用，其中亦不乏連握柄都有弧度的彎刀；跟西洋刀劍比較的話，許多彎刀皆相當講究握柄與刀身的設計。

➤ 獅尾劍

　　波斯彎刀是波斯最具代表性的刀劍。其弧度和緩的刀身能夠像**日本刀**般割剖敵人，刀柄彎曲方向跟刀身弧度相反的設計則有助於使用者切斬時施力。

　　波斯彎刀經常跟英語譯作「Scimitar」的**青龍刀**等武器混淆，但此語原是「獅子的尾巴」的意思，柄頭彎曲的刀柄部分亦因此被稱作「獅頭」。縱然刀身的寬度及重量皆不差，但波斯彎刀並非是用來斫擊堅實鎧甲的刀劍，而是用來殺豬宰羊似地削剁剖割未穿戴裝甲的敵人，或者用尖銳刀鋒攻擊鎧甲縫際的武器。

　　倘若以前述戰術為主軸作戰，則刀身亦必然會愈趨輕薄；就跟菜刀是同樣的道理，刀身愈薄則愈容易插進縫隙，便於剁骨割肉。波斯彎刀變薄後，承受格架敵方武器的強度相當堪慮，但「容易缺刃、折斷」本來就是切斷系武器的固有弱點，使用者也只能換個角度思考，盡可能利用盾牌或敏捷的動作進行防禦或閃避。

　　衣索比亞的「衣索比亞鉤劍」也是相當著名的切斷用彎刀。這柄劍跟所有彎刀（圓弧狀的刀）一樣，劍身劃出了一道美麗的圓弧，但衣索比亞鉤劍的弧度非比尋常，就算敵人舉起武器或盾牌來擋，劍的曲形劍身仍能繞過防禦刺中敵人。雖然**連枷**等武器也能繞過武器防禦攻擊敵人，不過衣索比亞鉤劍卻還能利用手腕的動作來控制攻擊部位。另外，因切斷用武器的劍刃都相當銳利，所以衣索比亞鉤劍極富特色的劍身形狀，卻反而變得非常不方便攜帶，且此劍並無劍鞘設計，只能用布匹或獸皮裹住再直接用手拿，或是吊在腰帶上。

充滿異國風格的切斷用刀劍

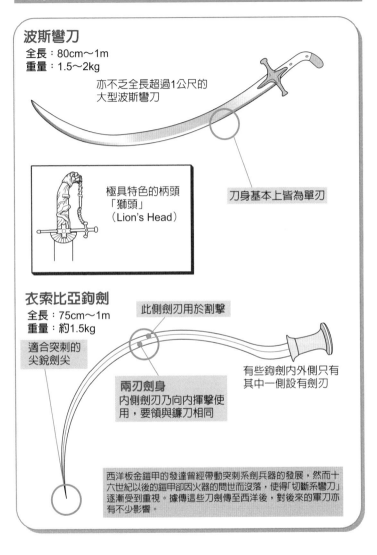

波斯彎刀
全長：80cm～1m
重量：1.5～2kg

亦不乏全長超過1公尺的
大型波斯彎刀

極具特色的柄頭
「獅頭」
（Lion's Head）

刀身基本上皆為單刃

衣索比亞鉤劍
全長：75cm～1m
重量：約1.5kg

此側劍刃用於割擊

適合突刺的
尖銳劍尖

兩刃劍身
內側劍刃乃向內揮擊使
用，要領與鐮刀相同

有些鉤劍內外側只有
其中一側設有劍刃

西洋板金鎧甲的發達曾經帶動突刺系劍兵器的發展，然而十
六世紀以後的鎧甲卻因火器的問世而沒落，使得「切斷系彎刀」
逐漸受到重視。據傳這些刀劍傳至西洋後，對後來的軍刀亦
有不少影響。

日本武士刀～打刀

中間距離

刀、武士刀

日本室町時代後期開始使用的刀。圓弧狀刀身，單側設有剃刀般的切斷用刀刃。握柄長度固然足夠雙手握持，但亦可單手使用，刀身的彎度則是經過特別設計，便於拔刀出鞘。

➤ 標準日本刀

　　鎌倉時代的武士會同時攜帶**太刀**和「腰刀」兩柄刀，而打刀便是以腰刀為基礎發展成的武器。此處所謂腰刀就是名為「刺刀」（Sasuga）的短刀，是在敵我幾乎要扭成一團、無法使用太刀的至近距離下，用來「刺擊」敵人的武器。後來太刀逐漸大型化，演變成**大太刀·野太刀**，並且被刺刀的加長版武器「打刀」取代。據說此武器是刺刀加長後從「刺擊」變成「斬打」武器，故曰「打刀」。如今打刀早已成為日本的主流武器，甚至可以直接用「刀」或「日本刀」指稱。

　　打刀刀身稍短於太刀，然而相對於用繩索掛在腰際的太刀，直接插在腰帶裡的打刀卻只要一個動作便能拔刀出鞘、斬向敵人。刀身亦特意設計成「弧度最大的部位位於刀身中央偏前端」的「先反」構造，避免拔刀時牽動刀鞘。打刀的標準規格是2尺3寸（約70公分），但這是指刀身長度，並非整柄武器的長度。此標準規格定於江戶時代，不過在江戶幕府成立前，以及幕府體制風雨飄搖的幕末時期，亦有許多不符標準的長刀。

　　大部分打刀的刀鞘都比普遍講究的太刀刀鞘簡素許多，反倒是在護手、刀柄等處費盡心思。其後隨著武士將打刀和**脇差**成雙插於腰際的「大小二本差」造型愈趨普遍，刀鞘亦衍生出大小兩種尺寸，並且發明出裝設於刀鞘的笄和小柄兩種裝置。笄狀似髮簪，不但能用來搔癢、整理頭髮，還能用來在敵人的首級上面挖洞掛首札＊。小柄狀似小刀，一說能當成手裡劍使用，但小柄原本只不過是日常用品，是故能投擲小柄進行攻擊的恐怕亦僅限於殺手、高手和奇人而已。

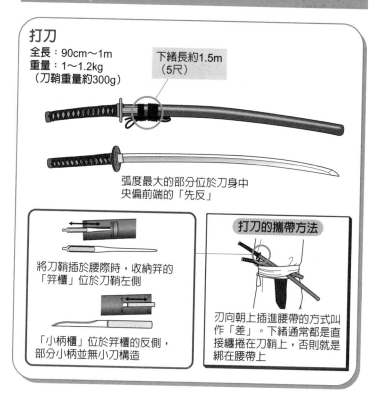

打刀

全長：90cm～1m
重量：1～1.2kg
（刀鞘重量約300g）

下緒長約1.5m
（5尺）

弧度最大的部分位於刀身中央偏前端的「先反」

將刀鞘插於腰際時，收納笄的「笄櫃」位於刀鞘左側

「小柄櫃」位於笄櫃的反側，部分小柄並無小刀構造

打刀的攜帶方法

刃向朝上插進腰帶的方式叫作「差」。下緒通常都是直接纏捲在刀鞘上，否則就是綁在腰帶上

短刀	刀身1尺（約30cm）未滿
脇差	刀身1尺（約30cm）以上～2尺（60cm）未滿
打刀	刀身2尺（約60cm）以上

※ 首札：掛在首級上的牌子。記載死者名字、誰人所殺，以備檢驗真偽。

關聯項目

◆日本刀是什麼樣的武器？→No.008　◆小型日本刀～脇差與小太刀→No.065
◆源平時期的日本刀～太刀→No.028　◆砍殺馬匹的大太刀～斬馬刀→No.088

居合是什麼樣的技術？

在日本刀的各種劍術當中，「居合」一詞相當有名。臨敵對峙時，先是維持含刀在鞘的態勢，待到刀身盡數拔出時，敵人早已慘遭刀吻。這種動靜一體，深受日本人喜愛的戰鬥技巧，真面目究竟為何？

➢ 居合其實並非必殺技？

居合是亦稱「居合拔刀術」、「居合術」的劍術。將**日本刀**收在刀鞘中擺出攻防姿態，接著以目不暇給閃電般速度拔刀攻敵，使敵人尚在懵然無措之際便已中刀。有不少虛構作品主張「居合的真正威脅並非速度，而是不知道太刀的刃筋*方向，是以一旦拔刀出鞘便不足為懼」。此說法也沒有錯，為什麼這樣說呢？因為所謂居合其實便是提倡「拔刀前的精神鍛鍊」的兵法。

居合道其實並不是只為「一刀決勝負」而生的劍術。首擊必須制敵機先，趁對方露出破綻之際刀走要害、縱入敵懷；接著往敵人手腕、頸脖、腹部等處第二擊、第三擊，完全不予敵人喘息餘地，以連續攻擊分出勝負。由於日本刀的結構相當脆弱，像時代劇那樣刀劍激烈互砍對刀身會有很大的傷害，而居合就是種盡可能避免武器互砍，並能就此分出勝負的手段。

若純粹將其視為戰鬥手段，則居合的前身「拔刀術」戰鬥色彩反倒更加濃厚。居合的初太刀（最初一擊）其實也可以算是種佯攻的手法，但是拔刀術卻將初太刀視為「必殺一擊」。拔刀術主張應當趁著敵人忙著完成「拔刀」和「斬擊」兩個動作時，再以破竹之勢「拔刀同時斬擊」，藉此合理體現「自己被砍倒前先砍倒敵人」的思想。不論居合或是拔刀術，拔刀出鞘時左手的動作都非常重要。左手不能單單只是靠在刀鞘側面，應該在拔刀的同時向後牽引刀鞘，提升拔刀的速度（此動作稱為「引鞘」）。此外，拔刀不可單憑腕力，必須運用全身的彈性將刀抽出，前踏速度和下盤功夫也相當重要。

居合＝拔刀前的精神鍛鍊

其奧義在於：

不拔刀便壓制對手

- 一旦無法避免戰端，就要一擊先發制人
- 初太刀固然重要，卻不必拘泥於「一擊將對方打倒」

拔刀術＝純粹的戰鬥技術

其奧義在於：

在敵人拔刀前將其打倒

- 初太刀便是必殺一擊
- 注意拔刀速度與前踏腳步等細節，運用全身力量斬擊敵人

不論居合或是拔刀術，持日本刀的使用者皆必須具備高於平均值的戰鬥技術，此點自是無需贅言。尤其是居合，相當重視精神修練，非一朝一夕可成。

---

* 刃筋：即刀身斷面的中心軸。刃筋與揮擊軌跡一致時，切斬效果最佳且不易損壞。因此刃筋亦可用來指稱攻擊的軌跡。

關聯項目

◆日本刀是什麼樣的武器？→No.008　　◆日本武士刀～打刀→No.059

什麼是焰形刀劍？

「焰形」（Flamberge）此語乃源自法語的火焰「Flamboyant」。焰形原是後哥德時期建築使用的一種樣式，後來也成為一種劍的形式。

➤ 焰形劍就是火焰之劍？

西洋有一種劍身呈波浪狀，好似裙帶菜的劍，在這種可以用詩歌的手法評為「火焰般劍身」的設計當中，最有名的當屬**雙手劍**式的焰形雙手大劍，以及**西洋劍**式的焰形禮劍。這些劍都有個共通的特徵——「波浪形的劍身」，這種加工成波浪形狀的劍身就叫作「焰形劍身」。換言之，所謂「焰形」是指稱劍身樣式的用語。

焰形劍身的刀劍首見於十六世紀以後，當時德國便流行名為「焰形禮劍」的焰形西洋劍，因其美麗的波浪形劍身，在時尚裝飾、宗教儀式等場合皆頗受愛用。

焰形劍發明時，刀劍的戰場實用價值已愈趨低落，似乎淪為都市生活的裝飾品。不過，此類武器卻仍舊是因為符合「殺人道具」機能的實戰理由，才會設計出造型美麗而深受喜愛的焰形劍身；因為平板狀刃部砍出的傷痕「只要兜攏在一起」便容易癒合，不久就會痊癒；但波浪形刃部砍出的切斷面卻不易癒合，需要花很多時間才會痊癒。就好像用銳利菜刀切開的蕃茄可以絲毫不差地拼湊起來，但若是拿專切剛出爐麵包的「刃部呈波浪狀的長刀」來切，蕃茄就會變得稀稀爛爛、不忍卒睹，是一樣的道理。

焰形劍身因受形狀和強度等問題限制，並不適合拿來跟其他兵器互斫，多是用於突刺攻擊。當然除普通的突刺之外，焰形劍回抽時也有擴大傷口的作用，這大概也是為何許多西洋劍皆選用焰形劍身設計的緣故吧！雖說焰形劍身強度不足，但只需避免與敵方武器碰撞，用割的也有不錯的效果。

各式各樣的焰形劍

西洋劍式　雙手劍式

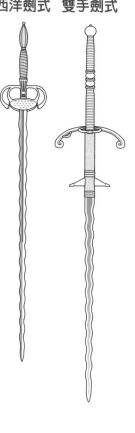

波浪狀劍身

切斬肉體的成效雖大，卻因為形狀問題受限，並不適用於卸力和格架

為增加威力的設計

鎗炮出現
刀劍類沒落

成為裝飾品、藝術品

焰形劍不但是性能優越的殺人兵器，同時也具有藝術品的收藏價值，所以有不少焰形劍被細心保存至今，許多西洋美術館也都能欣賞到焰形劍的實物。

關聯項目

◆雙手持用的劍～雙手劍→No.042　　◆細身劍～西洋劍→No.054

八寸短劍～匕首

近距離

戰鬥刀、戰術刀、突擊刀

匕首是十世紀以後廣泛受到歐洲人使用的武器，現已經成為泛指所有「大型戰鬥使用的小刀」的用語。匕首固然有各種不同形式的刀身設計和握柄形狀，基本上卻仍是專指設有切斷用刃部的單手用短劍。

➤ 於戰鬥中使用難度頗高的武器

　　從匕首的另一個譯語「短劍」一詞便不難得知，匕首的設計是以「劍」為準。從構造面來看，匕首其實就是原原本本的將劍縮小製成的武器；劍身是直是曲、劍刃是單是雙，又或者是突刺專用……普通劍的各種不同形式，全都有相對應的匕首種類。

　　匕首的刀身稍厚於日常用品衍生的「小刀」，重量卻又比劍等武器來得輕，**正擊**的殺傷力根本不能指望，握柄又太短無法雙手持用。如果刃部經過仔細研磨是能輕易劃開敵人皮膚，但只要敵人使用皮鎧就會無法有作用，所以匕首勢必只能以「**突刺**」為基本戰法。受限於武器的尺寸，一旦必須跟劍、槍等武器正面交兵的時候，匕首的「有效攻擊距離極短」、「武器強度不足，無法使用**卸力**或**格架**等防禦技巧」種種不利條件，簡直就是螳臂當車；相反的，若能迫使戰鬥進入敵人無法全力揮擊武器的**近距離戰鬥**，匕首尚能跟普通尺寸的武器搏個平分秋色。在這種戰況下，我方應當集中攻擊敵人手腕、頸部等動脈聚集處，或是採取戳刺側腹、心窩等處，貫徹攻擊要害的戰鬥方式，自是不在話下。

　　倘若重視使用方便性則應正手持匕，重視威力則可反手持匕，但反手持匕會有礙「切斬」的動作。此外，反手持匕「防禦敵人劍擊」固然非常帥氣，但使用者必須具備相當的膽識與熟練度，初學者還是不用為妙。持匕正手防禦就算失敗，頂多只是武器掉落地面而已；如果反手防禦失敗的話，連手腕都很可能會被殺傷。倘若陷入萬不得已的惡劣戰況，還可以把匕首當作飛行道具擲向遠處的敵人，只是若把匕首投擲出去不但花費昂貴，就算匕首真的命中敵人，造成的殺傷力大小也要憑運氣，是以投擲匕首並不能算是有效的使用方法。

最後的武器

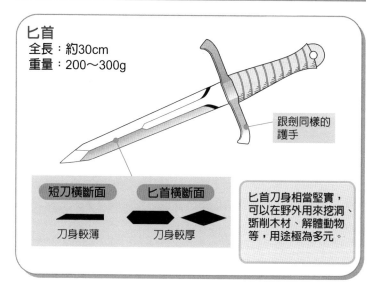

匕首
全長：約30cm
重量：200～300g

跟劍同樣的
護手

短刀橫斷面

刀身較薄

匕首橫斷面

刀身較厚

匕首刀身相當堅實，
可以在野外用來挖洞、
斲削木材、解體動物
等，用途極為多元。

各種持匕法

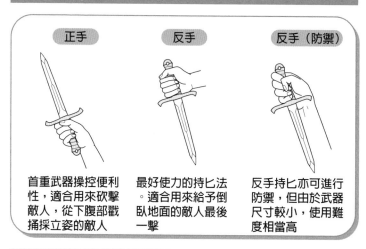

正手

反手

反手（防禦）

首重武器操控便利
性，適合用來砍擊
敵人，從下腹部戳
捅採立姿的敵人

最好使力的持匕法
。適合用來給予倒
臥地面的敵人最後
一擊

反手持匕亦可進行
防禦，但由於武器
尺寸較小，使用難
度相當高

關聯項目

◆要以何種距離作戰？→No.003
◆近身武器的攻擊方法→No.004
◆近身武器的防禦方法→No.005
◆劍有何特徵？→No.007

突刺短劍～短錐

近距離

圓盤柄短劍、穿甲匕首

十六世紀前後歐洲的突刺專用短劍。這種突刺專用的武器，劍身多是斷面呈三角形、四角形的錐狀劍身。突刺短劍也有跟普通短劍同樣的平板狀劍身，不過就是沒有彎曲的劍身。

➤ 突刺短劍＝刺劍的縮小版

　　短錐是錐狀的突刺用短劍。此類武器的特徵，就是沒有**匕首**或小刀等武器的切斷用刃部，是專為突刺用途而設計的武器構造。如果說匕首是劍的縮小版武器，那麼劍身酷似破冰錐、木工用鐵鑿的短錐，則可稱為**刺劍**（穿甲刺劍）的縮小版，其俐落時髦的外觀，以及從肋骨或側腹部打斜往上捅便能輕易破壞臟器的霸道劍身，使短錐成為頗受都市地區愛用的「防身用」武器。

　　其實從前戰場亦曾有過「突刺短劍」這種武器，諸如「圓盤柄短劍」（Roundel Dagger）、「耳柄匕首」（Eared Dagger）等短劍，主要是將敵兵扳倒以後，騎在敵兵身上，再朝要害施以致命一擊。由於絕大多數敵兵都有穿著鎧甲，通常必須從鎧甲的縫隙間把短劍送進去，但有時也可以反手持劍朝鎧甲較單薄處使勁捅下去。所以不少突刺短劍會在握柄處稍事改良，方便使用者出力，這種短劍又叫作「穿甲匕首」（Mail Breaker）。

　　另外還有一種劍身雖非錐狀，卻同樣都是特化突刺功能的著名短劍「拳刃」；這種突刺用短劍來自印度，是用緊握的拳頭向前刺出攻擊敵人，故亦稱「拳擊式短劍」（Punching Dagger）。

　　普通的劍和短劍的握柄都是跟劍身連成一直線，但拳刃的握柄卻跟劍身呈直角，好像「土木工程使用的鐵鍬的握把」一樣，此構造能夠盡可能減少能量的浪費有效率的把手臂的出力傳達至劍鋒。典型的拳刃的劍身都是兩刃，不過拳刃的種類相當多，有的劍身長度跟**短劍**差不多，有的劍鋒分成兩股，有的拳刃則是可以利用活動機關，把劍尖打開變成三股劍叉。

專為突刺設計的短劍

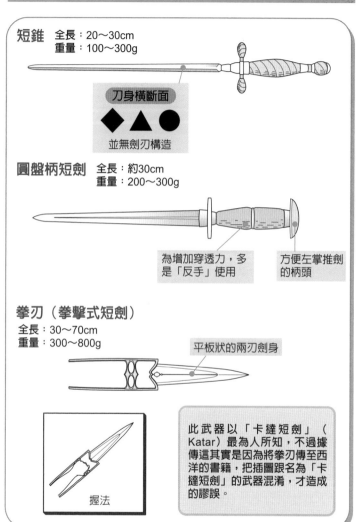

短錐　全長：20〜30cm
重量：100〜300g

刀身橫斷面

◆　▲　●

並無劍刃構造

圓盤柄短劍　全長：約30cm
重量：200〜300g

為增加穿透力，多是「反手」使用

方便左掌推劍的柄頭

拳刃（拳擊式短劍）
全長：30〜70cm
重量：300〜800g

平板狀的兩刃劍身

握法

此武器以「卡撻短劍」（Katar）最為人所知，不過據傳這其實是因為將拳刃傳至西洋的書籍，把插圖跟名為「卡撻短劍」的武器混淆，才造成的謬誤。

關聯項目

◆小型劍〜短劍→No.032
◆專司突刺的劍〜刺劍→No.057
◆八寸短劍〜匕首→No.062

No.064

左手專用的短劍～左手短劍

擋格短劍、左手用短劍

十五世紀末以後流行於歐洲的短劍，通常慣用手會另持西洋劍，採二刀流。此類武器之性質近似於承受敵人攻擊的「盾牌」，但其中也不乏能在接住對方劍擊後將劍折斷的短劍。

➤ 轉守為攻

　　左手短劍是左手持劍防禦敵人劍擊的武器。說是防禦，卻也並非「結結實實的接住敵方劍擊」的防禦法，而是主採**卸力**、**格架**的防禦方式；此類武器以其格架用短劍之機能，亦稱「擋格短劍」。這種短劍格架的武器大多都是**西洋劍**等細劍，所以無須具備**短劍**或**匕首**的劍身強度。「過重的劍身」在必須抵擋西洋劍快速攻擊時反而會變成負擔，所以絕大多數的擋格短劍都是採用重視便利性的輕量型劍身。

　　在這些左手短劍當中，最具代表性的當屬「左手用短劍」（Main Gauche，法語「左手用短劍」的意思）。二刀流其實要比想像中困難許多，想要運用自如可沒那麼容易。由於左手用短劍的握柄設有保護手腕的護拳（碗狀護罩），大可把短劍當成「盾牌」使用，左手只專心防禦。我方也不必讓敵方知道「持短劍的左手不會發動攻擊」，可以偶爾用左手作勢要攻擊，讓敵人身陷「究竟要從哪個方向攻擊？」的困惑中。

　　此外還有許多左手短劍能趁隙糾纏，甚至折斷敵人的劍，像這種以積極「破壞武器」為目的之短劍，又叫作「折劍匕首」。其中較有名的有劍身呈梳篦狀的折劍匕首，還有外形類似日本的十手*，可利用護手延伸的鐵鉤絞住敵劍的武器。然而這些折劍匕首的破壞程度乃以西洋劍為對象，所以最好別妄想要破壞**長劍**或**闊劍**這類較為堅實的劍。

* 十手：請參照第No.046譯注。

左手使用的「防禦用短劍」

左手用短劍

全長：30～40cm
重量：200～400g

以此部位接住並折斷敵人的西洋劍

右手持西洋劍
左手持左手用短劍

折劍匕首

梳篦狀劍身

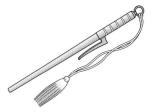

「折劍匕首」實乃此短劍
固有名稱，並非武器類目
名稱

雖然並非左手短劍，就
機能來說卻算是「折劍
匕首」

> 折劍匕首首重攻防時機以及膽量。
> 唯有不斷重複練習才能得其精髓！

關聯項目

◆近身武器的防禦方法→No.005　　◆細身劍～西洋劍→No.054
◆寬刃劍～闊劍→No.025　　◆三尺劍～長劍→No.056
◆小型劍～短劍→No.032　　◆八寸短劍～匕首→No.062

小型日本刀～脇差與小太刀 近距離

脇差與小太刀分別是打刀與太刀的縮小版武器。在西洋鮮少會同時將兩柄「長度不同、構造相同的劍」繫於腰際、視交戰距離不同分別使用。

➤ 除武士以外平民也會使用的武器

　　脇差就是縮短**打刀**製成的刀。長打刀（大刀）和短打刀（小刀）合稱「大小」，打刀脇差雙刀一組插在腰際的作法稱為「大小二本差」，是日本武士階級的身分證明；幕府於江戶時代制定「除武士以外，任何人不得持有2尺以上的刀（亦即大刀）」的規定，「二本差＝武士」的等式便是確立於此時。

　　根據幕府所定規格，脇差的刀身長度未滿2尺，所以平民持有脇差並無坐罪之虞。旅行防身用的「道中差」便屬脇差，另外像清水次郎長[*1]或森之石松[*2]等渡世人[*3]掛在腰間的「長脇差」，長度雖然已經非常接近大刀，卻仍要算是名符其實的脇差。脇差的品質相當參差不齊，若是專為武士「搭配大刀成雙攜帶而鑄造的脇差」倒是沒什麼問題，但平民防身用或黑道砍人用的脇差當中，就有許多刀身或刀柄相當粗糙的武器。

　　小太刀亦即所謂「較短的**太刀**」。跟脇差相較之下，小太刀作為主要武器之性格較為強烈。小太刀的握柄跟普通尺寸的刀相去無幾，單手雙手皆可使用，有利於使用者在森林、室內等狹促空間裡臨機應變。儘管小太刀的威力和攻擊距離不比太刀、打刀，使用者要具備「衝進敵人懷中令其無法施展武器」之類的高等戰鬥技巧，但若使用者熟知其特性，小太刀也會是非常恐怖的武器。

　　日本黑道任俠電影常見的「白木鞘的長懷刀」和「短懷刀」，其構造就跟亦屬日本短刀的「合口」沒有兩樣。據說合口是因為「無護手構造、刀柄跟鞘口完全吻合」遂有此名。長懷刀除刀柄、刀鞘外裝外，內裝部分都跟長脇差相同；短懷刀長度不到30公分、刀身幾乎沒有弧度，是最典型的日本短刀。

---

*1 清水次郎長：本名山本長五郎（1820～1893）。幕末維新時期的俠客。米問屋山本次郎八的養子。因對抗甲州黑駒勝藏、桑名的安濃德而聞名。明治維新後致力於開墾富士的裾野（今靜岡縣東部）。

適合攜帶、在狹促場所作戰的刀

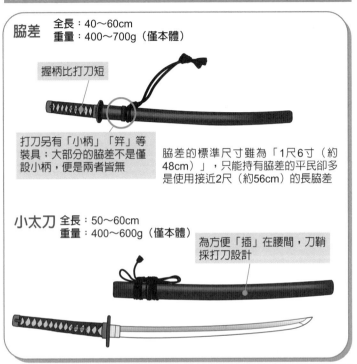

脇差 全長：40〜60cm
重量：400〜700g（僅本體）

握柄比打刀短

打刀另有「小柄」「笄」等
裝具；大部分的脇差不是僅
設小柄，便是兩者皆無

脇差的標準尺寸雖為「1尺6寸（約
48cm）」，只能持有脇差的平民卻多
是使用接近2尺（約56cm）的長脇差

小太刀 全長：50〜60cm
重量：400〜600g（僅本體）

為方便「插」在腰間，刀鞘
採打刀設計

武器尺寸之比較

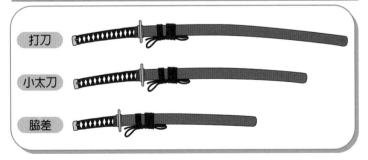

打刀

小太刀

脇差

*2 森之石松：（？〜1860）清水次郎長的手下，活躍於幕末時期的俠客。
*3 渡世人：帶有賭徒性格的俠客，亦即黑道。

關聯項目

◆源平時期的日本刀〜太刀〜→No.028 　　◆日本武士刀〜打刀〜→No.059

隱蔽用刀劍～忍者刀

近距離

忍者刀、日本杖劍

日本諜報要員「忍者」使用的特種刀。同樣是日本刀，忍者刀卻比武士使用的「打刀」來得短，刀身弧度也比較小，藉此提升攜帶方便性和武器機能。

➤ 忍者執行任務的工具

忍者刀的刀身比普通刀來得短，長度恰恰介於**打刀和脇差**之間。忍者刀主要是為室內戰鬥而設計，並非軍事戰役或單挑使用的武器。傳統日本建築物的鴨居*和樑柱相當礙事，刀劍很難施展開來，所以勢必要採取以「突刺」為主的作戰方式；忍者刀之所以刻意抑制刀身弧度，用意正是要方便戳刺。

然而「刀身長度短、弧度小」的忍者刀不僅有效攻擊距離吃虧，跟敵人武器互砍時的刀身損傷亦相當大。換句話說，忍者大概只有在不慎被發現，別無退路時才會使用忍者刀。

忍者刀鞘略長於刀身，刀鞘末端多出來的袋狀空間，則可以收藏藥物或傷敵眼睛的粉末等物。取下此部構造後刀鞘便呈筒狀，可以當作呼吸管在水底呼吸；另外為抵擋敵方斬擊，刀鞘的外裝部分（專門用語稱作「拵」）也製作得特別堅固。忍者刀的機能實乃「保住性命、完成任務」而非「戰勝敵人」，是故執行任務的工具性質特別強烈。只要有這柄忍者刀就能做到許多事，像是翻越高牆、在漆黑環境中探知敵我距離等，端看個人修為高低而定。

忍者執行秘密任務時偏好使用「杖劍」等武器，此外還有「火箸劍」、「煙管劍」等各類變種武器。隱藏式武器有個共通點：都是日常生活裡任何人持有皆不顯突兀的物品＝日用品。至於劍刃構造固然要視乎日用品的形狀而定，不過此類武器仍以短刀或**針**最多，所以並不適於砍擊；這種並非正面與人互砍的武器，應當主採偷襲、奇襲的戰術。

日本的特殊刀劍

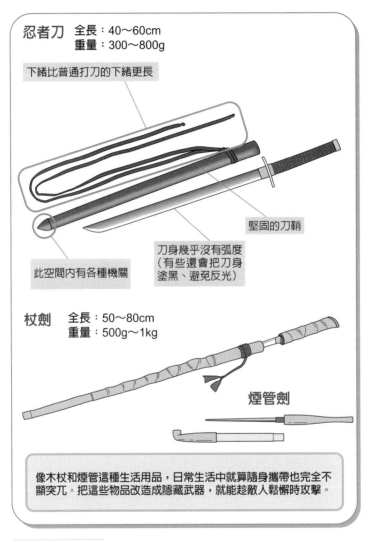

忍者刀 全長：40～60cm
重量：300～800g

下緒比普通打刀的下緒更長

堅固的刀鞘

刀身幾乎沒有弧度
（有些還會把刀身
塗黑、避免反光）

此空間內有各種機關

杖劍 全長：50～80cm
重量：500g～1kg

煙管劍

像木杖和煙管這種生活用品，日常生活中就算隨身攜帶也完全不
顯突兀。把這些物品改造成隱藏武器，就能趁敵人鬆懈時攻擊。

＊ 鴨居：日本建築物特有的構造，即嵌裝紙拉門的門框上緣。

關聯項目

◆日本武士刀～打刀→No.059　　　　◆終極的突刺武器～針→No.069
◆小型日本刀～脇差與小太刀→No.065

戰鬥用鉤爪～戰鎬

近距離

鎬、戰鎬

類似登山鎬、小型十字鎬的武器。古代印度、波斯等文明都有這種武器，約於十三世紀中葉傳至西方。其中亦不乏步兵使用的大型戰鎬，但大部分戰鎬都是騎兵專用的武器。

➤ 近距離作戰的有效武器

　　戰鎬是種外形酷似**戰鎚**的武器，用法卻有些許不同。著重打擊力的戰鎚要「高舉雙手大幅向下搗擊」，利用鎬嘴貫穿力殺傷敵人的戰鎬，則必須巧妙地運用手腕「像是在木塊上敲釘子似」的揮擊。

　　大部分的戰鎬都是單手用的小型武器，亦適於騎馬時使用。許多戰鎬還會在鎬嘴的相反側另設鎚狀構造，以便擊打敵人，如果碰到鎬嘴無法貫穿的厚鎧甲，也能用鎚頭直接毆擊殺傷敵人。整體而言，戰鎬的體積和重量皆不如戰鎚或**釘頭錘**，所以「毆擊造成的衝擊力」亦不及前述二者，不過戰鎬的特長就是便於騎馬使用，還能夠同時兼顧打擊與突刺兩種攻擊屬性。

　　在特殊強化「貫穿刺擊」機能的各種戰鎬當中，以印度的「印度戰鎬」最為有名。「印度戰鎬」（Zaghnol）此名原意其實與重視貫穿力的戰鎚「鴉啄戰鎚」（Bec-de-corbin）都是指「鴉啄」之意，嘴喙狀的扁平鎬嘴乃其最大特徵。此嘴喙強度不差，可以像十字鎬擊碎岩石般，穿透較薄的板金鎧甲和頭盔。

　　除此之外，日本也有一種外形頗似印度戰鎬的武器「鐮刀」，只不過鐮是切斷用的「利刃」，有別於凝聚打擊力轉化成穿刺效果的鎬類武器；鐮刀是在刀身內側設置利刃，藉此勾絆、割剖敵人。像鐮刀這種利刃武器根本拿金屬鎧甲沒輒，但如果只是皮甲，用鐮刀尖截刺的話，想有如同戰鎬般穿透皮甲的效果亦不難。

戰鬥專用鎬頭

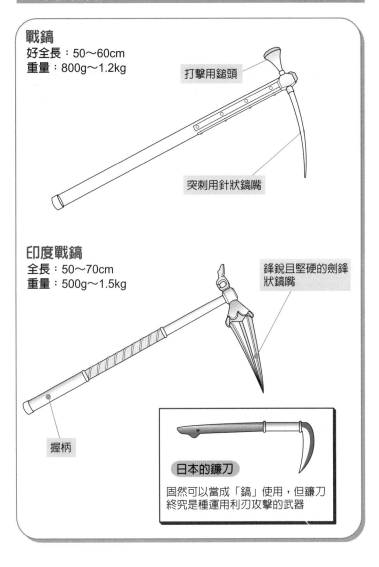

戰鎬
好全長：50〜60cm
重量：800g〜1.2kg

打擊用鎚頭

突刺用針狀鎬嘴

印度戰鎬
全長：50〜70cm
重量：500g〜1.5kg

鋒銳且堅硬的劍鋒狀鎬嘴

握柄

日本的鐮刀

固然可以當成「鎬」使用，但鐮刀終究是種運用利刃攻擊的武器

關聯項目

◆鎚鉾～釘頭錘→No.037　　　　◆戰鬥用鎚～戰鎚→No.043

二刀流

雙手各持一柄武器作戰，就叫作「二刀流」。二刀流之發想便是「與其只拿單柄武器，還不如同時持用兩柄武器，不但能獲得更多攻擊的機會，還能使防禦更加完善」。

➤ 二刀流是否有實用價值？

二刀流又可以大略分成「雙手各持不同類型武器」、「雙手持用相同武器」兩種。

前者當以十六～十七世紀流行的「慣用手持**西洋劍**、相反手持**左手用短劍**」為代表。使用者主要是用慣用手持西洋劍進行攻擊，相反手所持左手用短劍，則是專門用來格架撥擋對方的攻擊。基本上，這是種將傳統的「武器＋盾」置換成西洋劍和左手用短劍，趁敵稍有破綻便可藉左手用短劍殺傷之的攻擊型態。穿著鎧甲的西洋騎士「慣用手持**劍**、相反手持**手斧**或**釘頭錘**」的作戰方式亦頗為相似。

日本所謂二刀流，則大多是指後者「雙手持相同武器」作戰；此戰法著想於「雙手所持皆是主攻武器」，就算單邊武器被擋下，還能用另一柄武器攻擊。

然而人類畢竟只有左右手各一隻手臂，同時持用兩柄武器便意味著必須捨棄「雙手握持單柄武器」的選項。換句話說，敵我雙方兵刃相互軋壓的時候，敵人可以用雙手使勁推擠，我方卻只能用單手的力量應付。時代劇裡不時出現將兩柄刀交叉，抵擋對方單刀下壓的場面，可是如果敵人只用一把刀就箝制住我方的兩把刀，那二刀流根本就毫無意義。

那是否只要避開兵器互軋的局面即可？沒這麼簡單！除非能夠運用有如牛若丸*的矯捷身形連續避開攻擊，否則絕對難免要利用武器進行防禦或格架。再者，「單手持續揮擊武器」的疲勞亦不可輕忽；輕巧好使的小型武器倒是無妨，若是使用普通尺寸武器的二刀流，則必須具備超乎常人的充沛體力。

雙手各持武器

形式 ①

「大小」武器的二刀流

慣用手持西洋劍
相反手持左手用短劍

- 慣用手持普通尺寸武器
  （大），相反手持小型
  武器（小）。
- 慣用手武器主攻，小型
  武器主要是「代替盾牌」
  使用。
- 宮本武藏的二刀流其實
  亦屬此類。

形式 ②

相同武器的二刀流

慣用手持青龍刀
相反手亦持青龍刀

- 左右手各持一柄普通尺
  寸的武器。
- 必須具備相當程度的技
  術與肌力，否則非慣用
  手的武器便形同累贅。
- 恫嚇力十足。

* 牛若丸：即源義經（1159～1189），平安末期、鐮倉初期武將，幼名牛若丸、九
郎、遮那王。曾經幫助兄長源賴朝擊敗平家、建立鐮倉幕府，後來得到後白河院
信任與賴朝對立，兵敗被迫在衣川自殺；是日本有名的悲劇英雄。

關聯項目

◆汝是何人？→No.002
◆劍有何特徵？→No.007
◆「力量型武器」與力量型戰士→No.022
◆左手專用的短劍～左手短劍→No.064

◆鎚鉾～釘頭錘→No.037
◆細身劍～西洋劍→No.054
◆單手斧～印地安擲斧→No.034

終極的突刺武器～針

至近距離

針

末稍尖銳的鐵針狀武器。「針」的字面固然容易使人聯想到「裁縫針」或「製作榻榻米的長針」等用品，不過針狀武器其實是以「五寸釘」、「木匠用鐵鑿」、「破冰錐」等形狀為主。

➤ 便於藏匿的一擊必殺武器

針是無法使用切斬、毆擊的「突刺」專用武器，不過卻輕巧好拿體積小，容易貼身藏匿攜帶。持長槍捅穿敵人身體相當費力，而細長尖銳的針卻不太需要花費力氣便能刺進人體，跟著再往前一送，便能讓整枝針完全沒入體內。針的主要目的並非破壞骨骼肌肉，是專為攻擊內臟所設計的武器。

想要把針當成武器使用，則必須具備相當程度的運動神經。針因受限於武器尺寸與強度，並不適用於**武器防禦**；就連想要四兩撥千斤、卸開攻擊力道都已經是相當困難了，遑論要接住對方的兵器。再者，針不管怎麼看都只是「除攻擊要害以外別無他用」的武器；運動白癡想要「閃躲破風而來的兵器，並趁隙縱入敵懷攻擊要害」，根本就是天方夜譚。

普通針狀武器因為外形細長，所以不容易握實、難以施力，不過人稱「寸鐵」或「峨眉刺」的武器就沒有這個問題。此武器的祕密便在於中央的鐵環構造，只要把手指穿過鐵環握持，細長的針就不會前後滑動。寸鐵還有各種不同種類，包括兩側皆有針鋒的寸鐵、唯單側設有針鋒的寸鐵、用短刀般利刃代替針鋒的寸鐵，還有既無針鋒亦無利刃的打擊用寸鐵等，可依個人目的選擇使用。

擁有前述特性的武器最能發揮其固有能力的領域，當屬暗殺。日本的「女忍者」便曾經使用尖銳的髮簪結束獵物的性命，而古今許多俠客亦曾藉針灸用的針、自行車車輪鋼絲等針狀武器，鏟惡鋤奸；日常生活中隨處可見這種細而尖銳的用品，優點是便於偽裝、不易引起敵人戒心。

暗殺用武器

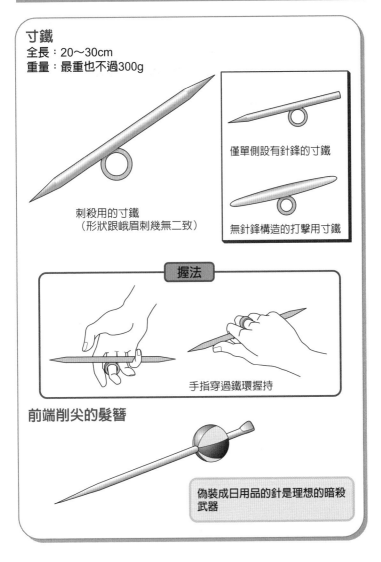

寸鐵
全長：20～30cm
重量：最重也不過300g

僅單側設有針鋒的寸鐵

無針鋒構造的打擊用寸鐵

刺殺用的寸鐵
（形狀跟峨眉刺幾無二致）

握法

手指穿過鐵環握持

前端削尖的髮簪

偽裝成日用品的針是理想的暗殺武器

關聯項目

◆近身武器的防禦方法→No.005

彷彿野獸般的攻擊～鉤爪

至近距離

虎爪、鐵甲鉤

運用利爪戳刺、剖剜、抓撓的格鬥武器，主要可分成跟手指虎同樣握在拳心使用的鉤爪，以及裝設於手腕處使用的鉤爪兩種。由於便於藏匿，常被用作暗殺武器。

➤ 模仿動物獸爪的武器

人類曾試圖模擬肉食性動物固有的「獸爪」製作武器，此即鉤爪系武器。

握在拳心使用的鉤爪當中，以堪稱「帶爪**手指虎**」的「虎爪式」鉤爪最為人知。只消將手指穿過兩端鐵環握住虎爪，長爪自然就會從指縫伸出，還可以打開手掌把鉤爪藏在手掌內側。有時暗殺者還會在爪上餵毒，但若握爪力道稍有差池，一不小心就會陷入「被從指間穿出的毒爪劃傷」而哭笑不得的窘境，所以必須慎加使用。

裝戴式鉤爪的武器構造普遍比握拳式鉤爪更加符合戰鬥用途。「手甲鉤」亦稱「熊手」，有鐵爪構造覆蓋保護手腕手背並延伸直至指尖，可以用來格擋、卸開敵方攻勢。著裝式鉤爪通常是穿過手掌用繩索固定腕部，或是直接裝設於保護手腕的鎧甲上，裝戴起來比虎爪等握拳式鉤爪費時，而且不便藏匿，但裝戴完畢便能空出一隻手，可以另持刀劍或其它物品。會選用此類武器者大多都不是純粹的騎士或戰士，而是暗殺者、忍者等必須「臨機應變」的職業者，所以能夠空出手來握持物品是個非常重要的優勢。

此外忍者還有「角手」和「貓爪」等爪狀武器，但皆是以出其不意「抓撓」攻擊為主。又因為通常人類並不會只被抓了一下就當場死亡，所以基本上會跟毒藥、麻醉藥合併使用。

格鬥用鈎爪

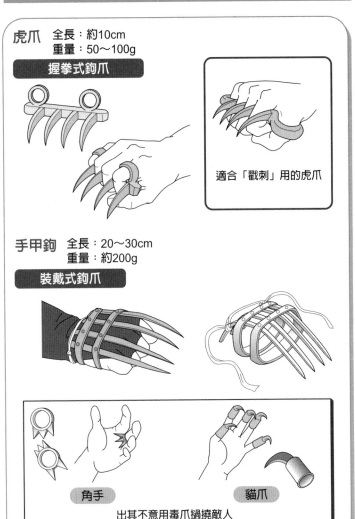

虎爪　全長：約10cm
　　　重量：50〜100g

握拳式鈎爪

適合「戳刺」用的虎爪

手甲鈎　全長：20〜30cm
　　　　重量：約200g

裝戴式鈎爪

角手　　　　　　　　貓爪

出其不意用毒爪搔撓敵人

關聯項目

◆鐵製拳套〜鐵拳→No.039

如何有效擊落武器？

運用武器將對方手中兵器擊飛或擊落，就叫作「Disarm」。此戰術亦即所謂「擊落武器」、「將武器擊脫手」，乃是源自於「剝奪敵人武器使其無法作戰」的發想。

➢ 擊飛武器＝讓敵人手無寸鐵

「剝奪對方的戰鬥力」也是戰勝他人的一種方法。維持我方武裝並卸除敵人武器是種非常有利的戰術，然而若非敵我實力有段相當大的差距，則此法不容易成功。

其實如果想要敏捷俐落地奪走敵人的武器（戰鬥手段），首推攻擊敵人持兵器的手腕；殺傷手腕可以剝奪握力，甚至還能將手腕整隻砍下，使其從此再也無法拿武器。然而，既然都已經特別選擇「解除武裝」手段要使敵人屈服，最好還是只攻擊武器為佳。

想要擊落武器，首先必須進入搆得著敵方武器的攻擊距離。攻擊最佳時機則是要看準「對方手背朝上、武器與地面水平」的時候，從上往下奮力**正擊**。如果對手使用的是**斧**、**鎚**等有「頭部」構造的武器，則應趁著對方武器橫擺的時候，攻擊頭部與柄部的交界處（T字或倒L字的接合部分），對方的武器就會被擊飛出去。如果我方武器有鐵鉤或鐵鏈構造，也可以用來勾掛拉扯敵方武器的接合處。**劍**和斧等武器有「握柄」設計可以吸收兵器碰撞的衝擊力，但**槍**和**長柄兵器**等長柄的武器大多並無吸收衝擊力的機能。是故瞄準敵人握柄處附近攻擊，也能利用衝擊力將武器擊脫手。

此處必須注意的是，擊落武器之法唯有在對方「單手握持武器的時候」才有效。倘若擁有超乎常理的驚人怪力，說不定也許能夠擊落對方雙手握持的武器，不過一般來說，想要擊落雙手緊握的武器是非常困難的事。

何謂擊落武器？

比破壞武器更容易應用、更加俐落的剝奪敵方戰力的方法

擊落武器

- 擊飛或擊落對方武器，迫其放棄戰鬥
- 比破壞武器更需要技術，但輕量型武器亦可使用

從手背外側向下揮擊

薄弱處

武器朝此方向被擊落

如何擊落有「頭部」構造的武器

趁武器擺橫的時候朝此方向打擊

武器朝此方向被擊飛出去

關聯項目

◆近身武器的攻擊方法→No.004　◆各式不同種類的鎚→No.012
◆劍有何特徵？→No.007　　　◆槍是騎兵的武器，還是步兵的武器？→No.015
◆斧是蠻族的武器？→No.010　◆何謂長柄兵器？→No.017

棍杖～四角棍

遠距離

六尺棒、棍、棒

木材或金屬製成的堅實長棍。攻防時不可單憑其中一頭，必須同時活用兩側棒頭打擊、戳捅敵人身體。棍棒通常都是用來對付幾乎不穿任何防具的對手。

> ➤ 每個部位都能發揮一定的攻擊力

　　棍杖＝棒是種跟劍或槍等武器相差甚遠的平民用武器。日本最有名的棍棒武器叫作「六尺棒」，除標準規格的6尺（約180公分）以外，還有一半長（3尺，約90公分）的「半棒（腰切棒）」、4尺5寸（約135公分）的「杖（乳切棒）」等各種尺寸的棍棒。

　　同屬「長兵器」的**槍**和**長柄兵器**等武器的攻擊部位——武器前端皆設有刃部構造，勢必要用該部位擊中敵人才能造成殺傷。相對的，棍棒從頭到尾皆是由柄部構成、棍頭還設有「鐏」的構造，每個部位皆具備同等的強度與攻擊性。棍棒並無刃部構造，「相對攻擊力」勢必比長槍或長柄兵器遜色，不過「打擊」與「戳刺」的威力卻絕對有當作武器使用的水準。

　　「無打擊點限制＝不光是棒頭、任何部位都可以攻擊」是棍棒的最大特徵，能夠彌補長柄武器被敵人欺近身後，便無法發揮攻擊力的缺點，有助於保持敵我距離並維持攻擊速度。長槍和長柄兵器的槍頭一旦被閃過，就必須先收回武器重整態勢；若是兩端都能發揮相同攻擊力的棍棒，棒頭被閃過還能隨即掄出另一頭，使出連續攻擊。

　　精通棒術杖術的專家通常給人「中國修道士」或「功夫高手」的印象，但其實全世界都把棍棒當作武器使用。日本的武士就曾經在戰役中，把槍頭折斷的長槍當成棍棒使用，逮捕犯人時也會在六尺棒前端加設名為「刺股」（Sasumata）的U字型金屬裝具，來牽制敵人的行動。

棍棒也是如假包換的武器

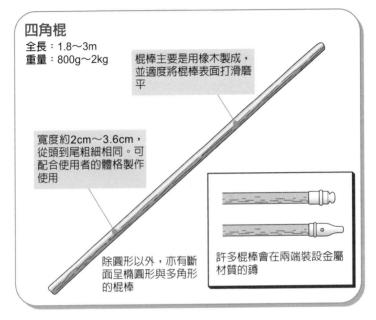

四角棍

全長：1.8~3m
重量：800g~2kg

棍棒主要是用橡木製成，並適度將棍棒表面打滑磨平

寬度約2cm~3.6cm，從頭到尾粗細相同。可配合使用者的體格製作使用

除圓形以外，亦有斷面呈橢圓形與多角形的棍棒

許多棍棒會在兩端裝設金屬材質的鐏

棍棒長度及俗稱

手切棒（20cm未滿）

中指指尖到手腕的長度

乳切棒（約120cm）

地面到乳頭的長度

肘切棒（約40cm）

中指指尖到手肘的長度

耳切棒（約160cm）

地面到耳朵的長度

腰切棒（約90cm）

地面到腰際的長度

六尺棒（180cm以上）

略高於使用者身高

關聯項目

◆槍是騎兵的武器，還是步兵的武器？→No.015
◆何謂長柄兵器？→No.017

投擲槍～標槍

遠距離

投擲槍

用來投擲射擊敵人的輕量槍。槍柄多為木製，金屬製槍頭相當尖銳、便於刺進目標物。標槍太長也不好投擲，因此大部分都是1～2公尺的短槍。

➢ 當作飛行道具使用的槍

標槍的用法非常簡單。敵人進入視線，便投擲出去；如果手上還有第二枝標槍，便繼續丟出去。總而言之，就是要在敵我距離縮短前拚命丟出去，就這麼簡單。標槍固然有許多能大幅提升射程、命中率的「投擲專用槍」設計，但其構造卻並不適用於普通長槍的使用法。

持標槍要跟持**槍**或**長柄兵器**的對手兵刃相接的時候，首當其衝的便是標槍的槍柄強度。大部分標槍都盡可能的將槍柄輕量化、簡單化；這是因為「沉重結實的槍不好投擲，而且容易影響飛行距離」、「投擲時槍柄並無太多受力，無須做得太結實」，以致絕大多數標槍皆僅止於用完就丟的強度。至於為何要故意把標槍做得如此脆弱，其實是要避免讓敵人可以再把標槍投擲回來。同理可證，製作槍頭的金屬亦特別經過回火*處理，使槍頭刺中目標以後就無法重複使用。

標槍適於投擲，卻不適用於近身戰鬥。換句話說，標槍等於是大型的「箭」。持標槍者切忌捨不得的心態，發現敵人就要毫不猶豫投擲出去；既然都已經大費周章的把攜帶不便的標槍帶來了，若是沒能讓它發揮功效就讓敵人欺近身來，那根本就是給武大郎做長褲——浪費。

投擲標槍時，還要利用柄部的繩索使標槍產生回轉。先用繩索繞槍柄數圈，然後手握繩頭將標槍頭出，標槍就會像打陀螺般旋轉、使彈道更加穩定。如果能使用「投矛器」（Spear Thrower）等投擲器具，還可以進一步提升射程及命中率。

---

* 回火（Tempering）：冶金中，把金屬加熱到低於熔點的高溫，然後冷卻（通常在空氣中）以改善金屬，特別是鋼的性能的一種方法。此法由於減少金屬脆性和內應力，因而對韌性有所提高。

投擲標槍的諸多巧思

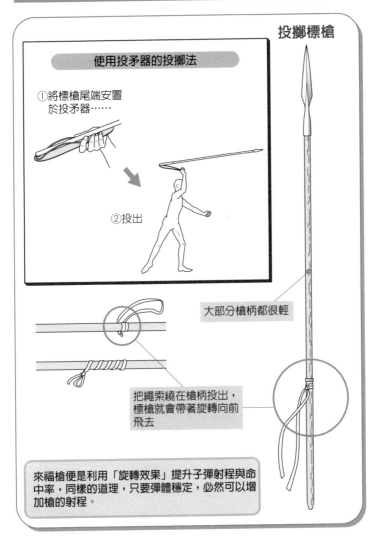

投擲標槍

使用投矛器的投擲法

①將標槍尾端安置於投矛器……

②投出

大部分槍柄都很輕

把繩索繞在槍柄投出，標槍就會帶著旋轉向前飛去

來福槍便是利用「旋轉效果」提升子彈射程與命中率，同樣的道理，只要彈體穩定，必然可以增加槍的射程。

關聯項目

◆槍是騎兵的武器，還是步兵的武器？→No.015
◆遠距離攻擊用武器「投射武器」→No.019　　◆何謂長柄兵器？→No.017

步兵用槍～矛

遠距離

長矛、短矛、翼矛

於長柄前端裝設尖銳金屬槍頭的歐洲槍。攻擊力頗高且相當平價，使用或訓練亦無須具備高等技能，因此頗受軍隊重用。

➤ 集團戰專用武器

　　相較於日本中國的槍，西洋「矛」（Spear）的使用法特別重視突刺攻擊。儘管西洋矛亦有刃部構造，不過其鋒利的矛刃卻是用來突刺，而非「切斬」。日本和中國的槍除突刺以外還有「切斬」、「毆擊」的選項，多是騎馬的武將和英雄使用的武器。這個狀況亦清楚地反映於許多有名武將的傳說與《三國演義》等作品當中，但西洋卻很少有著名騎士或國王持矛征戰沙場的故事。

　　在板金鎧甲等高防禦力裝甲相當發達的西洋世界，長矛基本上都是被當作步兵執行團體戰術的武器使用。

　　初期的矛原本是搭配盾牌使用的短兵戰武器，相對於後來才出現的長矛，稱作「短矛」，不過短矛的長度卻已經足以對付裝備**劍**和**棍棒**的敵兵。裝備短矛的士兵是藏身於盾牌後方，舉矛過肩恫嚇敵兵，慢慢逼近，接著迅速將矛刺出。此姿勢還可以直接將短矛擲出，所以短矛在弓箭等**飛行道具**普及前一直都是團體戰的主力武器。

　　短矛的集團戰術確立以後，矛也為使作戰更有利而愈變愈長，於是「長矛」就此問世。長矛主要是由步兵集團舉在腰際恫嚇敵軍、牽制騎兵。此類戰術可以追溯至古希臘的「方陣（密集隊形戰術）」[*]；然而若指揮官無法有效統御部隊，此戰術的效果就會頓時減半，是故武器固然簡單好用，仍舊需要在其他方面嚴格訓練。

---

[*] 方陣（Phalanx--

平價但有效的武器

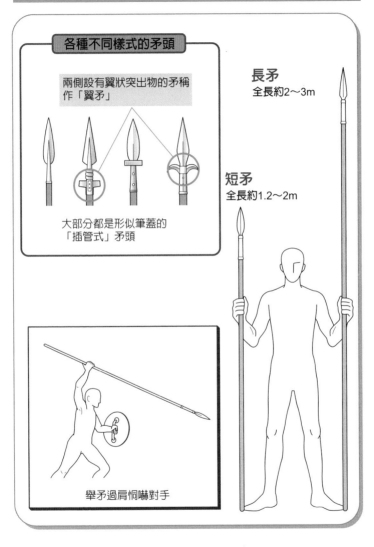

各種不同樣式的矛頭

兩側設有翼狀突出物的矛稱作「翼矛」

大部分都是形似筆蓋的「插管式」矛頭

舉矛過肩恫嚇對手

長矛
全長約2～3m

短矛
全長約1.2～2m

關聯項目

◆劍有何特徵？→No.007
◆遠距離攻擊用武器「投射武器」→No.019
◆槍是騎兵的武器，還是步兵的武器？→No.015

◆各種棍棒→No.036

159

日本特有的槍形刀～薙刀

遠距離

薙刀、長刀

日本最具代表性的長柄兵器。古代亦記作「長刀」，是在長柄前端裝設「弧度跟日本刀相同」的刀身組成。其外形雖與太刀發展成的「長卷」相同，但薙刀卻是由手鉾與長槍發展而來。

➤ 鎌倉・南北朝時代的主力武器

薙刀通常給人一種女用武器的印象，然而若說薙刀是「女性亦能使用的次級武器」，那可是大錯特錯。薙刀堪稱是威力、攻擊距離皆凌駕於**刀**的戰鬥兵器，直到日本發明出長槍的團體戰術以前，薙刀一直都是騎馬武者的最佳選擇。

薙刀能夠同時兼顧刀槍兩方的用法，戳刺如槍、劈斬如刀。就跟長槍同樣，騎馬使用薙刀亦可恃其攻擊距離與敵爭雄，而彎曲的刀身更有利於使用者策馬剖剮、攻擊敵人。

即便是徒步作戰，薙刀的攻擊速度亦絕不遜色於刀劍。薙刀不但能從刀劍的可及距離外發動攻擊，能夠將離心力轉化成加速度、攻擊威力，還能攻擊刀劍難以防守的下半身，可謂是佔盡便宜。薙刀當然也有一般長柄武器「被欺近身便趨不利」的弱點，不過擁有先攻權仍舊是個相當大的優勢。

至於薙刀和後來問世的**長卷**間有何關連，有人說「長卷乃薙刀前身」，亦有人說「長卷源自太刀，薙刀源自長槍，故兩者是不同種類的武器」，眾說紛紜；可惜研究長柄武器的專家不像刀劍那麼多，是以二者起源至今仍無定論。

戰國時代以後，薙刀在騎馬戰裡漸趨沒落，由長槍取而代之。因為薙刀的刀身比較接近日本刀，於是失去用武之地的薙刀遂被重新打造成刀和脇差再利用。此外，薙刀戰鬥術（薙刀術）的確是當時武家女性相當流行的嗜好，但薙刀其實並不像時代劇裡，「捧著薙刀出現在城堡或宅第裡的女性，最後被拿刀的賊人打敗」，如此的不堪用。

騎馬作戰的寵兒

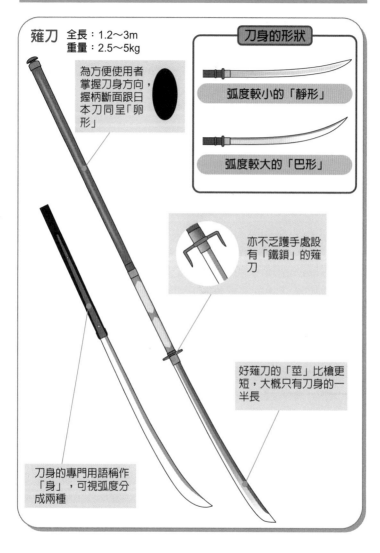

薙刀　全長：1.2～3m
重量：2.5～5kg

為方便使用者掌握刀身方向，握柄斷面跟日本刀同呈「卵形」

刀身的形狀

弧度較小的「靜形」

弧度較大的「巴形」

亦不乏護手處設有「鐵鎖」的薙刀

好薙刀的「莖」比槍更短，大概只有刀身的一半長

刀身的專門用語稱作「身」，可視弧度分成兩種

關聯項目

◆日本刀是什麼樣的武器？→No.008　　◆戰國武器專用長槍～鐮槍→No.046
◆長柄太刀～長卷→No.029

大型鐮刀～死神鐮刀

遠距離

鐮刀、長柄鐮刀

於長柄前端裝設鐮刃的武器。日本因為有死神使用鐮刀的固有形象，故將其稱作「死神鐮刀＝處刑鐮刀」，不過此名可以說是種俗稱，並非武器名。

➤ 農具➡武器乃西洋長柄武器演變之基本模式

　　大型鐮刀原本是農民們用來割草的農具。此武器當然並非軍隊制式採用的高級武器，頂多也只有十七世紀農民起義頻仍的時候，非正規軍當作臨時武器使用而已。這「割草用農具」外形並不像日本的鐮刀，而是酷似切斷系**長柄兵器**西洋大刀（Glaive）的「長柄大鐮」（Scythe）。

　　長柄的大型鐮刀「死神鐮刀」乃是結合實際存在的長柄大鐮與死神「勾人魂魄」形象，方才誕生的武器，如果想用這個武器進行近身戰鬥，可要有相當的心理準備。

　　首先，死神鐮刀唯有刀身內側才有利刃。要把敵人砍成兩半，就要先把敵人引誘到「鐮刀的內側」，可是敵人進入鐮刀內側以後幾乎都會衝近身來「縮短距離」，鮮有例外。試問在這種狀況下揮舞鐮刀，能夠造成多少殺傷力？

　　為避免前述事態，除了貫徹「從敵人背後攻擊」原則以外別無他法。這也就是說，使用「死神鐮刀」必須名符其實的出其不意結束敵人性命。如此不僅能活用長柄武器從遠處攻擊的優勢，大型鐮刀的刀身還能封鎖住敵人的逃脫路線，使其不易閃避。脖子當然是最重要的攻擊目標，若要讓敵人難以躲避就要攻擊身體，而攻擊防禦薄弱的腳部也是相當有效的手段。

　　若論及較實用的長柄鐮刀，則有日本的「薙鐮」。薙鐮的鐮刃沒有死神鐮刀那麼大，只有普通鐮刀的尺寸，所以能夠勾掛絆倒敵人、把敵人扯下馬背、水戰時用來拉近船隻等，可當作鐵鉤或鐵鎬使用。

死神的專用武器？

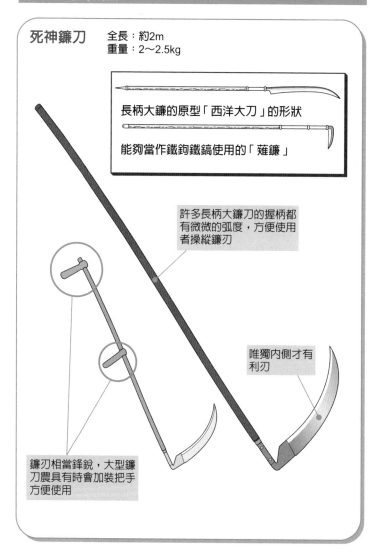

死神鐮刀　全長：約2m
　　　　　　重量：2～2.5kg

長柄大鐮的原型「西洋大刀」的形狀

能夠當作鐵鉤鐵鎬使用的「薙鐮」

許多長柄大鐮刀的握柄都有微微的弧度，方便使用者操縱鐮刃

唯獨內側才有利刃

鐮刃相當鋒銳，大型鐮刀農具有時會加裝把手方便使用

關聯項目

◆何謂長柄兵器？→No.017

163

No.077

動若靈蛇的長鞭～鞭

遠距離

長鞭

於短握柄前端裝設1～3公尺的皮革或獸毛材質繩索製成的武器。除了利用縫綴在鞭頭的重錘牽纏，並控物目標物以外，還可以直接抽打敵人給予殺傷。

➤ 叫敵人俯首屈膝！

鞭原本是用來驅趕牛馬等動物的道具。柔軟的皮繩尾端綴有重錘，方便使用者快速揮動。想要運鞭自如固然相當困難，不過訓練有素者抽出的鞭頭勢如閃電，一旦命中就要皮開肉綻。如此抽打牲畜必將使得商品價值驟減，因此牧人平時也只是用揮舞長鞭的衝擊波來控制動物而已。

用鞭來抽打牲畜並不划算，但鞭笞俘虜或人質就沒有這個問題。於是鞭子便成為拷打人類的刑具，但使用的畢竟還是皮鞭。皮鞭並無碎骨破臟的威力，因此非是要讓人體會「死亡的恐怖」，而是以「讓人因疼痛而屈服＝無力化」為主要用途。

若持長鞭作戰，則可以一面牽制敵人，擊落敵人武器或纏住四肢削弱其戰力，然後用另一隻手持短劍等武器施以致命一擊。除此以外，還有種把鞭頭重錘置換成利刃或鐵針的攻擊型長鞭「刃鞭」（Whipdagger），但這種武器不能像普通皮鞭一樣把鞭頭往地面抽，使用難度高出許多。

無論是要抽打或纏住敵人，都必須跟對方保持相當的距離，才能有效發揮長鞭的威力。有些動作片會把長鞭當作繩索使用，其實唯有頂級高手才有這個本領。

對真正的高手來說，不論是從高處墜落時纏住附近地形地物當作救命索，或是住天花板橫樑逃脫陷阱，都只不過是雕蟲小技而已；他們還能用長鞭綑綁住遠處正要逃跑的敵人、用長鞭奪取遠處物品等，把鞭子使得像是自己的雙手一般靈活。

被擊中的話會讓人痛到想哭

鞭

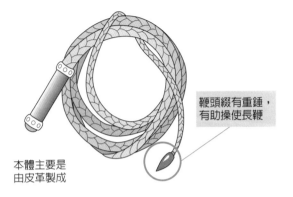

鞭頭綴有重錘，
有助操使長鞭

本體主要是
由皮革製成

鞭頭置有利刃的「刃鞭」

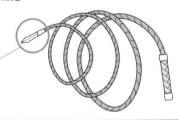

雖有高攻擊力，卻讓原
本就不易使用的長鞭難
度更高

使鞭高手

高手可以輕而易舉做到常人辦不到的事，諸如
將遠處物品擊飛或取入手中。對他們來說，鞭
子其實就等於是「第三隻手」。

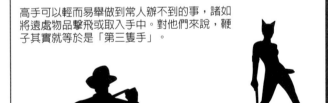

No.078

遠近兩用～鎖鐮

遠距離

鎖鐮

用鐵鏈連結鐮刀與鉛錘的武器。鎖鐮的鐮刀比「農具鐮刀」堅固，鐮刃也是用「跟打刀相同程度的上等材質」鑄成。握柄同樣亦不馬虎，有些鎖鐮甚至還設有可格擋、斬擊的護手或鐵鎖等構造。

➤ 鐮刀與鉛錘之複合武器

單手握持鐮刀、另一手則持鐵鏈不斷畫圈，再用鐵鏈前端的鉛錘纏住敵人兵器慢慢逼近，最後用鐮刀一刺……這大概就是一般人對持鎖鐮作戰的普遍印象。此印象固然正確，卻是少數人的使用方法。

此戰法使用的鎖鐮是「鐵鏈連接在握柄尾端」，所以鐵鏈作得比較長，約莫2～3公尺。此類鎖鐮由於外觀極具特色，頗受許多虛構作品的角色愛用，可是只要有單手受傷，便無法使用鐵鏈。

其實普通鎖鐮多是「鎖鏈連接在鐮刀末端」；此類鎖鐮的鐮刀較小，其中亦不乏有兩刃的鐮刀。其鐵鏈略短，僅1公尺左右，使用時會隨著握柄舞動。此類鎖鐮只需單手使用便能充分發揮其機能，除舞動鉛錘毆擊對手以外，還可以纏住敵人手腕或武器把對方拉近身來，接著用鐮刀砍擊。

前述兩種類型鎖鐮，不僅攻擊距離都跟**長柄兵器**不相上下，非戰備時刻還能壓縮武器體積、便於攜帶。鎖鐮固然不能算是威力強大的武器，可是只要對方不像西洋騎士般全身穿戴板金鎧甲，光用鐮刀和鉛錘攻擊也能致命。最重要的是，像鎖鐮這種能夠兼顧遠近距離的武器其實並不多見。如此方便的武器卻未能成為主流，完全是因為使用難度的緣故；鎖鏈跟**刀槍**等武器不同，使用者的熟練度將大大影響武器的威力，除非是「武藝嫻熟的鎖鏈手」，否則幾乎無法發揮出武器的機能。

用鐵鏈糾纏、用鐮刀切斬

鎖鐮

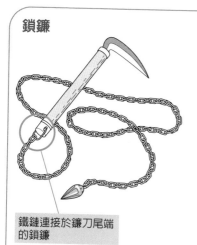

鐵鏈連接於鐮刀尾端
的鎖鐮

此形狀較為人知,卻是鎖
鐮中的少數。攻擊時雖可
鐮刀鉛錘併用,但必須雙
手使用才有效

鐵鏈連接於鐮刀前端
的鎖鐮

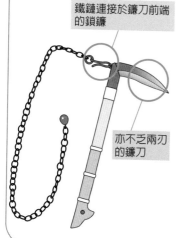

亦不乏兩刃
的鐮刀

鐵鏈長度較短,鉛錘攻擊通常
只是「持鐮刀結束敵人性命」
前的佈局

關聯項目

◆日本刀是什麼樣的武器?→No.008
◆何謂長柄兵器?→No.017
◆槍是騎兵的武器,還是步兵的武器?→No.015

遠距離

一發必中～飛刀

投擲刀具、飛針、投擲短匕

專為「投擲」製造的小刀。普通小刀或匕首等武器投擲出去，還要靠運氣才能順利刺中目標，但飛刀的重心則是經過特別調整，可使刀尖直直朝向前方飛去。

➤ 威力雖低卻不容小覷

　　小刀是種用來削切食材、做些簡單工作的日常用品。拿小刀當作武器固然稍嫌單薄，然而小刀輕薄短小隨處可得，是以頗適用於緊急避難的使用方法，亦即「千鈞一髮之際將刀擲出脫身」。

　　既然武器強度並不可靠，不如乾脆改為「投擲專用」來規避強度的問題。這種日常用品發展成的武器，價格低廉容易大量取得，就算用過就丟也不會心疼。於是「當作武器使用的投擲刀具」便因應而生。

　　特化成投擲專用彈體的投擲刀具輕薄短小而且銳利，可以同時攜帶數枝至數十枝不等。刀口沒有餵毒或許會給人不足為懼的感覺，可是命中眼睛或喉頭等要害卻能造成相當嚴重的傷害。投擲刀具威力雖低但便於貼身隱藏攜帶，因此經常在戰鬥中用來牽制敵人。小刀本身的殺傷力固然尚不至於致命，但是當敵我實力在伯仲之間的時候，飛刀卻常常能製造出足堪致命的「瞬間的破綻」，千萬要注意。

　　亦稱投擲用箭矢的「飛鏢」也可以算是種投擲刀具。這是種酷似飛鏢酒吧，專為戳刺而設計的武器，可說是種「小型的**標槍**」。標槍因風阻考量而並未使用箭羽構造，相對的武器長度和射程都較短的飛鏢卻有箭羽，有利於直線飛行、命中率頗高。《怪醫黑傑克》裡的無照醫師主角能把「手術刀」當作飛刀投擲，這種堪稱百發百中的投擲技術，便是奠基於黑傑克年少時期練習的玩具飛鏢。

重心經過調整的投擲用「彈體」

飛刀

武器重心經過調整可使
刀尖朝向前方飛行，不
過仍需訓練才能射得好

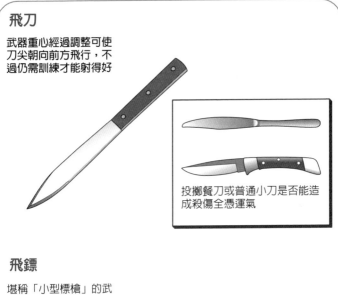

投擲餐刀或普通小刀是否能造
成殺傷全憑運氣

飛鏢

堪稱「小型標槍」的武
器；飛行距離雖短，但
幾乎都能確實命中射程
內的目標

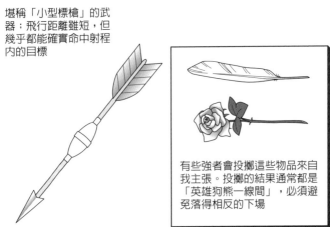

有些強者會投擲這些物品來自
我主張。投擲的結果通常都是
「英雄狗熊一線間」，必須避
免落得相反的下場

關聯項目

◆遠距離攻擊用武器「投射武器」→No.019　　◆投擲槍～標槍→No.073

黑暗中的利器～手裡劍

遠距離

忍者鏢

削弱敵人戰鬥力的投擲武器。主要可以分成星形平板狀的「車手裡劍」，以及跟鉛筆同樣尖銳的「棒手裡劍」；前者命中率較佳，後者則以威力和攜帶性見長。

➢ 嫻熟者專用的投擲武器

手裡劍雖然堪稱為日本版的**飛刀**，但卻並非小刀短刀發展成的武器，原本就是一種用完就丟的投擲專用武器。手裡劍之所以沒有握柄，也是因為「投擲專用的武器根本不需要握柄」所致，有別於「苦無」等亦可對應於近身作戰的武器。

若提到手裡劍，一般人必定會馬上聯想到忍者哈特利常用的十字形手裡劍吧！此類手裡劍稱作「車手裡劍（車劍）」，除四片劍刃的「十字手裡劍」「四方手裡劍」以外，還有六片劍刃的「六方手裡劍」以及卍字形的「卍手裡劍」等。

車手裡劍是要用手指挾住劍刃「旋轉擲擊」使用，手裡劍離手後會旋轉飛行刺向目標；由於車手裡劍有複數劍刃，因此「擊中目標劍刃卻沒有刺進去」的情形很少發生。

車手裡劍雖然飛行穩定性高、容易擊中目標，但相反的卻有明顯的風切聲、容易被敵人發現。於是遂使得「棒手裡劍」開始受到矚目。這是種把金屬棒削尖製成的手裡劍，能夠刺得比車手裡劍更深，殺傷力也更大。除此之外，棒手裡劍還有能夠一枝枝分開攜帶、不佔空間的好處。

棒手裡劍有許多種投擲方法，其中尤以馬戲團表演飛刀技法般「棒尖指向手腕」投擲的「反轉擲擊（半轉擲擊）」，以及將棒尖朝目標投擲的「直向擲擊」最為普遍。不論使用何種投擲法，手裡劍都無法像弓箭般循著直線軌跡飛向目標，因此必須將投擲時產生的晃動及旋轉都計算在內，才能順利命中目標。

手裡劍的種類

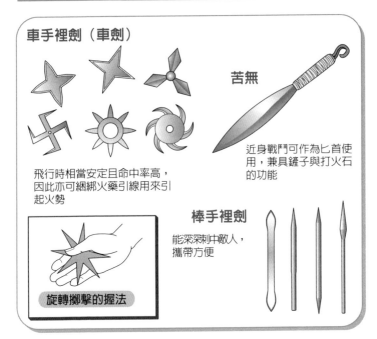

車手裡劍（車劍）

飛行時相當安定且命中率高，因此亦可綑綁火藥引線用來引起火勢

旋轉擲擊的握法

苦無

近身戰鬥可作為匕首使用，兼具鏟子與打火石的功能

棒手裡劍

能深深刺中敵人，攜帶方便

棒手裡劍的投擲方法

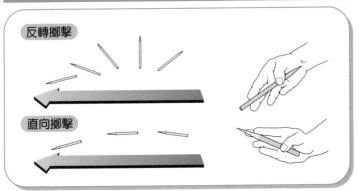

反轉擲擊

直向擲擊

關聯項目

◆遠距離攻擊用武器「投射武器」→No.019　　◆一發必中～飛刀→No.079

無聲的獵人～吹箭

遠距離

吹箭筒、吹箭

利用長筒發射小型箭矢或飛針的武器。吹箭的射程既短、射出的箭和針又小，殺傷力不大。然而吹箭通常會跟毒藥或麻醉藥併用，進而成為致命的武器。

➤ 利用肺活量的飛行道具

　　吹箭和弓箭都是歷史悠久的狩獵道具。普通讀者可能會以為吹箭大概就像是枝約30公分長的笛子，事實上為顧及武器之精準度和射程，吹箭往往可以長達1公尺。

　　吹箭是利用人類呼氣的壓力（＝肺活量）將充當「子彈」的小型箭針射出，射程頂多只有9～18公尺而已。其次，吹箭即便命中目標也無法造成太大的殺傷力，不過慣用吹箭者的命中率極高，被射中眼睛耳朵等要害還很可能因此失去戰鬥力。

　　發射吹箭時幾乎不會發出聲響，所以往往會被用來暗殺敵人，此時必定會在箭頭餵毒。吹箭在射程範圍內的速度極快，加以箭針體積細小，遭狙擊者想要避開飛箭可是難上加難。

　　吹箭所用的飛箭外形其實比較接近針狀，箭尾原是箭羽的部分則改裝羽毛鳥羽等物代替；箭尾的羽毛能夠適度發揮氣栓的功用，增加箭筒內部氣壓，有助於將力量傳遞至箭身。此外當把飛箭放進箭筒的時候，還能利用羽毛與筒壁的摩擦力，防止飛箭直接掉進吹筒深處。

　　將細針含在口中射向敵人的「含針」也可以算是吹箭的一種。這種攻擊方法亦稱「口吐飛針」（Mouth Dart），由於沒有充當鎗身的吹筒構造，因此射程命中率自然可想而知，可是出敵不意的奇襲效果卻是極佳。這種戰鬥手段用途廣泛，可以在敵我兵刃交軋之際牽制對方，還能用有毒的針限制對方行動，不過使用者必須具備比吹箭更高的熟練度；使用此武器不僅無法說話，若不小心把針吞進肚子裡可不是鬧著玩的。如果想要使用含針飛射的技巧，至少要有能用舌頭把櫻桃梗打結的本領。

射程命中率皆視肺使用者活量而定

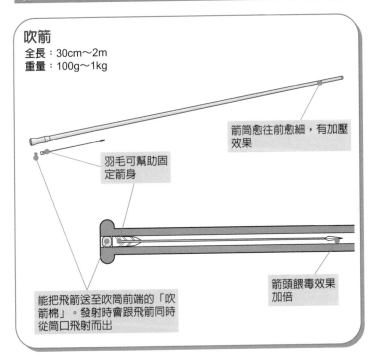

吹箭
全長：30cm～2m
重量：100g～1kg

箭筒愈往前愈細，有加壓效果

羽毛可幫助固定箭身

箭頭餵毒效果加倍

能把飛箭送至吹筒前端的「吹箭棉」。發射時會跟飛箭同時從筒口飛射而出

吹箭的發射姿勢

實用尺寸的吹箭無法「藏在懷中隨時取出發射」，不過若是在叢林等交戰距離較短的戰場，持吹箭伏擊便能發揮相當大的威力。

No.082

長弓

大型弓、大弓

取有彈性的細棒張結弓弦、利用張力將箭射出的投射武器。長弓正如其名，就是種長度頗長的弓，中世紀英國的弓兵便曾經使用此武器。長弓的有效射程比十字弓長，但操作長弓更需懂得如何運用體力以及各種訣竅。

➢ 遠距離攻擊的代表性武器

長弓源自於古代長約一公尺的狩獵用小型弓＝短弓，是強化武器射程及威力以後演變出來的戰弓。

作戰當然可以擲槍或擲斧攻擊遠處敵人，可是射程和命中精準度自然是不言而喻。在弓箭普及以前，軍隊大多選用**標槍**當作制式**投射武器**；標槍的殺傷力雖大，但是每名士兵的攜帶數量有限，前線要補充也相當困難。長弓固然跟標槍同樣算是體積較大的武器，不過備用彈體（箭）尚可大量攜帶，可以盡情射擊。

長弓因為武器尺寸的緣故，必須要用相當大的力量才能拉開弓弦。這種不能光憑腕力，必須「運用全身力量拉弓」的長弓，最適合像英格蘭和威爾斯人這種體格健壯的民族使用。十四～十五世紀的百年戰爭──聖女貞德的時代──跟他們敵對的法蘭克士兵就無法有效使用長弓，只能選擇有效射程較短的**十字弓**作為主力裝備，以致於陷入了苦戰。

日本的弓跟長弓算是同種類的武器，卻並非單一材質製成的「單弓」（Self Bow），而是組合各種材質的「複合弓」（Composite Bow）。其次，長弓只能在地面射擊，日本的弓卻能騎馬使用。雖說日本的弓已經改良成騎馬射擊用的形狀，不過通常騎馬射擊時都會選用體積小、拉弦距離短的短弓，抑或是能像來福槍般狙擊敵人的十字弓。像日本人這樣騎馬還操縱大型弓，是很罕見的戰術。

戰鬥用長弓

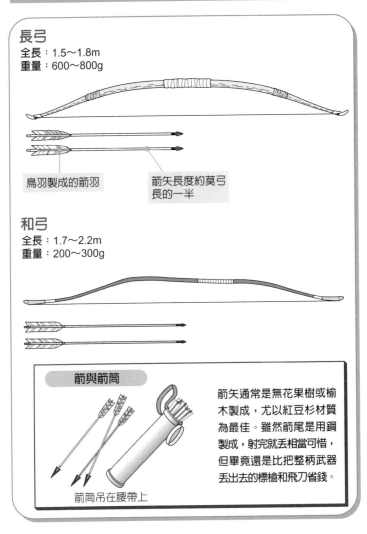

長弓
全長：1.5～1.8m
重量：600～800g

鳥羽製成的箭羽

箭矢長度約莫弓
長的一半

和弓
全長：1.7～2.2m
重量：200～300g

箭與箭筒

箭筒吊在腰帶上

箭矢通常是無花果樹或榆
木製成，尤以紅豆杉材質
為最佳。雖然箭尾是用鋼
製成，射完就丟相當可惜，
但畢竟還是比把整柄武器
丟出去的標槍和飛刀省錢。

關聯項目

◆斧是蠻族的武器？→No.010
◆槍是騎兵的武器，還是步兵的武器？→No.015
◆遠距離攻擊用武器「投射武器」→No.019

◆弩～十字弓→No.050
◆投擲槍～標槍→No.073

弓兵的戰術

> 長弓的優勢便是「能夠不讓敵人近身」。只要敵人沒有飛行道具，我方就沒有受傷之虞。既然如此，那就應該盡可能利用此優勢，趁敵人尚未接近便分出勝負，方為上策。

➤ 射擊速度和機動力

弓兵的任務，首先就是要「削減敵人戰力」。不論東方西方，中世紀的戰鬥大多都是以「騎兵突擊」決定勝負，是故必須在發動突擊前盡量地降低敵軍戰力。如果每名騎兵的戰鬥力全部相同，那麼數量多的一方就會得勝。

英格蘭・威爾斯的弓兵部隊以最強的**長弓**手而聞名，每分鐘能以10～12枝箭的速度射擊；而且他們會排列成密集隊形，從遠距離仰角射擊出去。這種堪稱「長弓製造的彈幕」的戰術是利用「曲射彈道」進行射擊，能夠讓箭矢像雨點或冰雹般降在敵方部隊頭頂。

此戰法亦適用於現代軍隊的「砲兵部隊」，就連弱點都完全相同。此處所謂弱點，即無法抵禦敵方直接進軍來襲。雖說現代人對「彈幕」一詞的印象，大概都是使用「機關鎗」或「小型衝鋒鎗」等武器的近距離戰術，不過弓箭畢竟沒有這種連續射擊性能，正因為「敵軍接近後便無退路」，長弓部隊才要貫徹遠距離攻擊。

只要能夠防禦敵軍的進擊，弓兵便能集中於削弱敵軍戰力。因此，弓兵部隊會採取在發射地點周圍，設置掩蔽障礙物等對應方法，然而此法不僅必須花費許多時間準備，還要仔細選擇敵軍非得迂迴繞過障礙物才能進行。

無論是部隊單位還是單兵，弓兵必須在必要時期確保適當場所，在最佳時機射出箭雨，接著迅速移動躲避敵方追擊，可謂是極重視「機動力」的兵種。當然，敵我雙方都可能會採取夜襲或奇襲等各種戰略，是以指揮弓兵務須慎重且大膽判斷。

長弓手

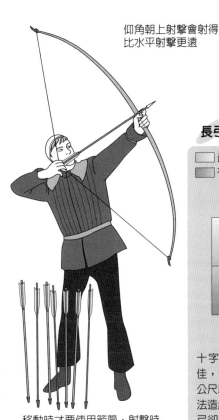

仰角朝上射擊會射得
比水平射擊更遠

移動時才要使用箭筒，射擊時
則是先把箭插在地面

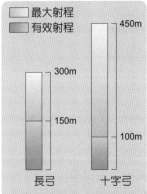

長弓　vs　十字弓

　最大射程
　有效射程

450m

300m

150m

100m

長弓　　十字弓

十字弓的最大射程固然較
佳，但十字弓的箭飛過100
公尺以後就會失去勢頭，無
法造成殺傷力；相對地，長
弓卻能把箭穩定的射到150
公尺之處。

關聯項目

◆弩～十字弓→No.050　　　　◆長弓→No.082

當武器命數將盡的時候……

之前曾經有個「所有武器都有使用次數限制，用完就會毀壞」的電腦遊戲。這麼說或許會有點怪怪的，但這個規則其實並沒有想像中那麼突兀。

➢ 劍身壽命即劍的壽命

製鋼法尚未普及以前，都是用「淬火」來強化鑄造**劍**等武器的金屬。然而此法只能使表面硬化，劍芯仍舊是相當柔軟。若持此劍不斷斫砍，表面淬火的形成的硬膜就會因為衝擊力而愈趨脆弱，終至折斷（＝彎曲）。

此時只要注意在「武器似乎漸漸彎曲變形」「差不多快壞掉了」的時候，適時重新淬火打造就能延長武器壽命，但有些劍卻會突然壽終正寢，尤其鋼鐵普及以後，刀劍的壽命更是難以估計。觀察此時期彙整成的神話和故事就會發現，劍唯有在「一對一生死相搏」的情況下才會從中間折斷成兩截。如果武器是被敵人用**武器破壞**戰術給破壞掉倒還沒話說，但因此而戰敗可說是死也不會瞑目。

是否有何方法能夠避免此事態發生呢？相當遺憾，沒有。使用者只能活用知識及經驗、細心保養並更換零件而已。換句話說，愈是經驗老到的戰士很可能就愈容易感覺到「武器差不多已經達到極限」，因而撿回一條命。想要讓壽終正寢的劍完好如初，基本上只能冀望於「不可思議的超自然現象」。若是把斷劍的劍柄和劍身交給鐵匠，的確能夠以此材料重新鍛造新劍，卻無法「把武器回復原狀」。

斧、鎚和**槍**等武器大多是使用多種素材製成，但其材質與武器壽命的關係卻沒有劍那般密切。斧頭和槍頭等金屬部分需要不斷撞擊敵人武器盾牌等「堅硬物體」，直到達到極限才會毀壞，此類武器幾乎都是在使用中突然折斷損壞掉。

武器的壽命

劍的壽命

似乎漸漸彎曲變形

↓

重新淬火延長壽命

↓

鋼鐵問世、普及

儘管強度得到提升，卻難以掌握金屬疲勞的累積程度

↓

突然死亡

不知為何，總是在最不巧的時候折斷

讓天壽已終的劍再生的方法

冀望於超自然現象

全部熔掉
重新打造

關聯項目

◆劍有何特徵？→No.007　　◆槍是騎兵的武器，還是步兵的武器？→No.015
◆斧是蠻族的武器？→No.010　◆武器破壞→No.041
◆各式不同種類的鎚→No.012

沒有武器！該怎麼辦？

手邊沒有武器的時候，或武器被敵人破壞或擊落的時候，最聰明的做法便是「不戰而逃」。假設如此仍然難逃一戰，那就必須儘快尋找其他武器。

➤ 困頓時就拿日用品代替

再怎麼寒酸不堪的武器，總是比空手作戰來得好。尤其堪稱為最原始武器的「打擊系武器」，更是容易取得且相當有效的代用武器，因為只要是堅硬的物體，任何東西都可以成為殺人的鈍器。

長柄前端設有堅硬頭部的「高爾夫球棍」隨手就能當成**釘頭錘**使用；棒球棒前端釘滿鐵釘的「鐵釘球棒」就跟**晨星**沒有兩樣；另外光是持「腳踏車鏈條」揮舞便已經相當有威力，把鏈條纏在拳頭上還可以當成**鐵拳**使用。電影《猛龍怪客》（Death Wish）裡查爾斯・布朗森（Charles Bronson）飾演的保羅・柯西（Paul Kersey）亦曾把鈔票換成25分的銅板塞在襪子裡，製作臨時成**黑傑克**；日本的刑事警察當中，也有能把「木製衣架」使得活像雙截棍的強者現身一樣的人。

放眼望去，日常生活裡就有各式各樣可充當武器的道具。農作業用的「鐮刀」能直接當作武器使用，「菜刀」可以代替**匕首**，「餐刀」和「熱狗竹籤」能夠拿來當作**飛刀**和**手裡劍**投擲。就連「鉛筆」也能當作**針**的代用品。「曬衣竿」這種堅實的長棍棒能夠當作**四角棍**使用，再用鐵絲把小刀綁在竿頭就成了**槍**的代用武器。把竹子斜斜砍下、削除細枝就成了「竹槍」。

出人意料的是，能夠充當**劍**的代用品非常的少。「竹刀」和「木刀」固然能當作**刀劍**使用，但這些代用品畢竟沒有刀刃劍刃，只能採取戳刺和毆擊的攻擊方法。這大概是因為除研磨「不鏽鋼鐵尺」使用的特例以外，日常生活中鮮少有能夠充當刀身的「堅硬的長板狀素材」製成的用品。

拿起武器來！

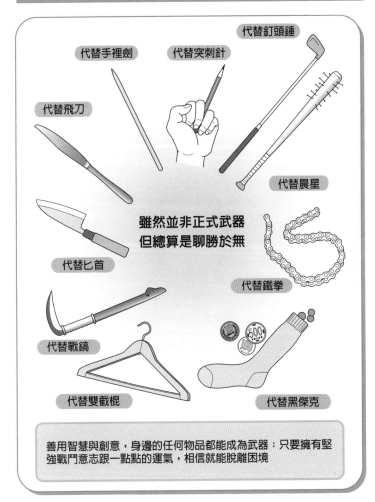

代替釘頭錘

代替手裡劍　代替突刺針

代替飛刀

代替晨星

雖然並非正式武器
但總算是聊勝於無

代替匕首

代替鐵拳

代替戰鎬

代替雙截棍　代替黑傑克

善用智慧與創意，身邊的任何物品都能成為武器；只要擁有堅
強戰鬥意志跟一點點的運氣，相信就能脫離困境

關聯項目

◆劍有何特徵？→No.007
◆日本刀是什麼樣的武器？→No.008
◆槍是騎兵的武器，還是步兵的武器？→No.015
◆連結式棍棒～連枷→No.030
◆鎚鉾～釘頭錘→No.037
◆鐵製拳套～鐵拳→No.039

◆攜帶式棍棒～短棍→No.040
◆八寸短劍～匕首→No.062
◆究極的突刺武器～針→No.069
◆棍杖～四角棍→No.072
◆一發必中～飛刀→No.079
◆黑暗中的利器～手裡劍→No.080

武裝女僕之存在意義及其有效性

「女僕裝」與「武器」的組合正因為不可能實現，才會如此強烈地吸引動漫迷。女僕的「靜」和武器的「動」，兩種形象的高度融合。端正優雅的女性，卻拿著用來殺傷他人的凶惡暴力裝置——武器的不協調感。儘管至今已有各種理論試圖要解釋此現象，不過武裝女僕成立最重要的理由應該就是因為「畫面能造成強烈的衝擊印象」使然。

當我們檢證武裝女僕此現象時，首先必須確認一件事——「武裝女僕究竟著重武裝抑或女僕身分」？

若武裝女僕是以武裝＝戰鬥為優先，那就相當於是「穿著女僕裝的戰鬥員」。這種武裝女僕不一定要是真的女僕，近年來甚至還有許多根本不是女性的武裝女僕。講得極端點，這就相當於退伍軍人或情報員為執行任務而扮演的角色，在不同的狀況下，就算有武裝護士或武裝粉領族等角色亦不足為奇。此時女僕裝不但是讓敵人鬆懈的手段，同時也是戰鬥服裝，甚至還有防彈、防刀的特殊材質女僕裝。此類武裝女僕大多都是隸屬於專門組織、接受過專門訓練的專業人士，受派遣執行護衛或調查等任務。

若是著重於「女僕身分」的武裝女僕，則當以雇主（主人）的意向與審美觀為優先，而女僕裝備武器作戰就是實現雇主意向與審美觀的手段。欲使此類武裝女僕看起來賞心悅目，就必須使「雇主的嗜好」和「女僕的意願」完全一致，否則就會畫虎不成反類犬。再者，有此意願裝備武器的女僕大多都是受過訓練、鋼鐵般的女僕。女僕有個不成文規定：不論掃除做菜，言行舉止都要像個女僕，同樣的，作戰也要隨時保持優雅的身段；大部分的女僕亦不勞雇主費心，大多都是使用撢子或水果刀等日常用品改良成的武器，而非劍或來福槍等比較誇張的武器。

不論哪種武裝女僕，其外形必定會出乎敵人的意料。只要武裝女僕的概念一日未獲得社會普遍認知，就不會有人因為警戒心而會先發制人襲擊女僕，反倒是會有原本以為只是「區區女僕」卻會突然提起武器被襲的情況！當女僕從裙子裡陸續取出細針、小刀、手鎗或手榴彈等各種武器，讓敵人無法發揮實力，迅雷不及掩耳打倒對方，然後再禮貌尊敬的送上一句「祝您有個愉快的一天」或「請慢走」之類的話，遭襲擊者想必會羞愧得想哭。然而，倘若僱用女僕只是想要「羞辱」來襲的敵人，恐怕就有點適得其反了。

第4章
特殊武器

警告！

本章解說的「特殊武器」是指古今傳說及故事中「近身
武器的常識並不適用」的武器；其中亦不乏我等相當熟
悉的武器或道具，不過還是要先請讀者諸君做好心理準
備，此處討論的全都是虛構作品中的用法，然後再繼續
閱讀。

屠殺惡龍的武器～屠龍兵器

屠龍兵器就是指能夠降服屠殺西洋龍的武器，包括專為屠龍鍛造的武器，以及打敗惡龍後才被冠上此名的武器，是故屠龍兵器其實並無一定的形式。

➤ Slayer＝屠殺者

著名的武器通常都有固定的形狀，諸如亞瑟王的「斷鋼神劍」（Excalibur）是雙手持用的**長劍**、佐佐木小次郎的「曬衣竿」為長度超過3尺（約90公分）的**大太刀**。然而，「屠龍兵器」卻是有長劍、彎刀、**槍**和**長柄兵器**等各種不同樣式。其實屠龍兵器並非專指某種武器的固有名詞，而是後世運用詩歌的手法，稱呼從前屠龍英雄使用的「屠龍之劍」「屠龍之槍」之代稱。換言之，屠龍兵器只是種武器的稱號，是劍是槍都無關緊要。此外還有叫作「破龍兵器」（Dragon Buster）的武器，但這種兵器也經常被用來對付手持武器的人類。

那是否只要曾經被用來降服惡龍，就算再怎麼普通的劍也可稱為屠龍兵器呢？倒也沒有這麼簡單；暫且不論古代繪畫「聖喬治[*]降龍」那種蜥蜴般的龍，能夠在神話或傳說中打倒怪物的武器，仍然僅限於「名匠打造的特殊兵器」。如果真的用普通武器降服了惡龍，還要誇張的大肆渲染「持普通武器降服惡龍的勇者如何英明神武」，然後這柄武器隨著勇者傳說而神格化，才能稱作屠龍兵器，早已經不是原來那柄普通的武器了。

歷來的屠龍兵器以**劍**和槍佔壓倒性多數，屠龍斧或降龍釘**頭錘**算是少數。劍是「權力及精神性之象徵」，槍則是能從遠處給予重大殺傷，兩者能並列為降龍兵器之首，可謂是個相當有趣的現象。如果龍再晚一點才滅絕的話，搞不好還會有屠龍**十字弓**或攜帶式屠龍加農砲問世呢！

---

[*] 聖喬治（Saint George）：亦作Georgius。基督教殉教者、英格蘭的主保聖人。生平事蹟不詳，然而從6世紀開始就已經有關於聖喬治的種種傳說，而且愈來愈豐富，說是聖喬治曾救女郎免受惡龍之害。此題材常見於藝術作品。

何謂屠龍兵器

此處所謂的龍是指「西方世界裡綁走公主、禍害世人的怪物」，不包括《七龍珠》的神龍，以及《漫畫日本傳說故事》開頭動畫裡的那種龍

能夠將其殺傷

劍

槍

其他各式武器

被稱作「屠龍兵器」的武器

❖ 《龍槍》（Dragon Lance）

　　龍槍是《龍槍》系列小說中的長槍式屠龍兵器。在善龍與惡龍相抗衡的作品世界中，龍槍是裝設在架馭飛龍的龍鞍上，當作騎士突擊槍（＝騎兵長矛）使用的武器。

　　除了利用飛龍的衝刺速度進攻的長矛突擊以外，龍槍還能利用連接槍尾與龍鞍的可動式軸承，與左右側來攻的敵人周旋，不騎飛龍作戰時也能將龍槍取下，當作徒步作戰的近身武器使用。

關聯項目

◆劍有何特徵？→No.007
◆斧是蠻族的武器？→No.010
◆槍是騎兵的武器，還是步兵的武器？→No.015
◆何謂長柄兵器？→No.017
◆鎚鉾～釘頭錘→No.037
◆弩～十字弓→No.050
◆三尺劍～長劍→No.056
◆砍殺馬匹的大太刀～斬馬刀→No.088

大型劍～巨劍

巨劍就是指比身高還長的巨型劍，它的長度重量皆相當驚人，恐怕只有神話或奇幻傳說中的巨人才能舞得動。持此武器只能採取雙手來回揮擊的作戰方式，因此劍身幾乎皆是呈兩刃直刀的構造。

➤ 常人無法使用的巨型大劍

　　巨劍（Great Sword）是長寬厚皆超乎常理的劍。巨劍亦經常被視為**蘇格蘭闊刃大劍**或**日耳曼雙手大劍**的別名，不過此名其實跟「長度較長的劍＝長劍」、「**太刀及打刀＝日本刀**」一樣，只是便於指稱某個類型武器的用語，其實就是「巨大的劍」的意思而已。正因為超乎常理，各種史料皆未曾見過戰場實際使用過這種尺寸的劍之紀錄，也許從前火器問世的時代，就曾經有肩膀扛著巨劍的「勇者」出現過……也說不定。

　　巨劍由於體積與重量皆凌駕於**雙手劍**，平時要「背在身後」移動自然不在話下，就連在戰場上也得如此；攻擊時則可從肩口處水平橫砍，或者高舉過頭利用武器重量向下直劈，唯需避免砍擊地面使攻勢中斷。

　　瑞士戟等**長柄兵器**也是雙手專用大型武器，巨劍卻無法像拿長柄兵器般能盡量張開雙臂抓住握柄，來控制武器重心，故相當難以操控。巨劍屬於劍類兵器，所以整柄巨劍只有末端的握柄可供握持，所以若想用巨劍「突刺」敵人是相當不實際的想法。反過來說，巨劍也跟長柄兵器一樣，並不是非得擊中敵人頭部才能造成致命的傷害，是故只要具備足以隨心所欲揮舞巨劍的肌力與技術，便能採取比長柄兵器更加多樣化的戰鬥方式。使用者對劍的重量及加速度的掌控性，會直接關係到戰鬥的勝敗，所以持巨劍戰鬥者若非是擁有超人的體格及肌力的人，就是能用鬼神般的運動感覺，掌握重物運動法則的天才。

宛如鐵塊的武器

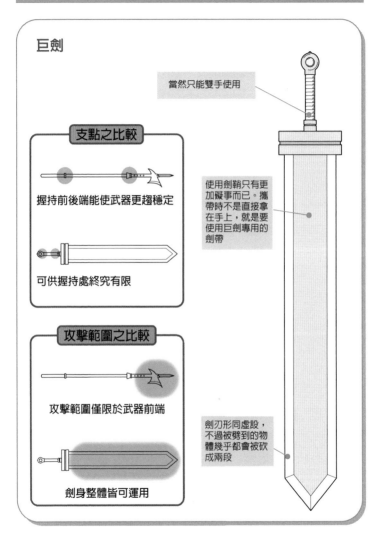

巨劍

當然只能雙手使用

支點之比較

握持前後端能使武器更趨穩定

可供握持處終究有限

攻擊範圍之比較

攻擊範圍僅限於武器前端

劍身整體皆可運用

使用劍鞘只有更加礙事而已。攜帶時不是直接拿在手上,就是要使用巨劍專用的劍帶

劍刃形同虛設,不過被劈到的物體幾乎都會被砍成兩段

關聯項目

砍殺馬匹的大太刀～斬馬刀

刀身長大的太刀即屬於「大太刀」範疇，其中有種專門用來攻擊馬匹的刀，人稱斬馬刀。許多虛構作品皆偏好此名，然而亦有部分文獻將其視為「野太刀」。

➤ 耍陰招的「勇者」武器

斬馬刀刀如其名，是一種可以「斬殺馬匹」的刀。此類武器並不僅止於斬馬刀，譬如亦有說法指**薙刀**便是因為「割薙馬腳」的用途遂有此名。軍馬在戰場上是相當貴重的財產，馬不像人類有陣營的分別，只要奪得敵軍馬匹便能當成自軍戰力運用；不過武將之間有「攻擊馬匹得勝者不足以自豪」的共識，是故攻擊馬匹向來都被視為禁忌。

但對步兵（雜兵）和傭兵（浪人）而言，求生存、取敵將首級才是最重要的事情，像這種細微末節的禁忌和不成文規定，他們根本不放在眼裡。「射人先射馬」就是這些人會做的事，他們能滿不在乎地做出一軍之將和著名武士都做不到的事情。唯有肌力和體力皆相當優異者，才能將斬馬刀運用自如，所以持斬馬刀對他們來說是種能力的象徵。

斬馬刀既是由太刀發展而成，當然就會有日本刀的利刃，可是斬馬刀卻受限於武器尺寸，不便「拉斬」，通常是利用寬厚刀身與武器的重量，像西洋的劍兵器般「劈斬」。話雖如此，斬馬刀卻沒有**雙手劍**或**巨劍**的刀身強度，如果要採取一般人想像中那樣「面對策馬而來的騎馬武者，將其連人帶馬砍成兩半」的作戰方式，就是再多幾條性命也不夠用。想要攻擊馬匹結實的頭部或胴體，必須從遠處舉刀戳刺，使馬匹慌亂發狂，否則就只能攻擊馬的弱點——砍削馬腳而已。斬馬刀並非對人戰鬥使用的武器，除非「只攻擊馬匹」，否則最好能另外準備一柄較短小的刀劍用來幫助作戰為佳。

超大尺寸日本刀

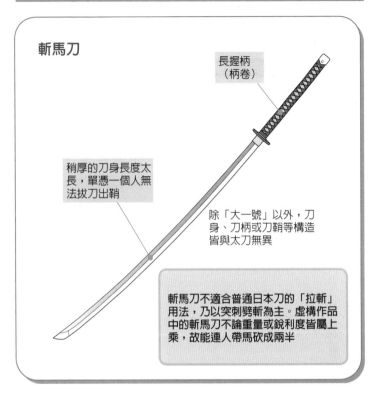

斬馬刀

長握柄
（柄卷）

稍厚的刀身長度太
長，單憑一個人無
法拔刀出鞘

除「大一號」以外，刀
身、刀柄或刀鞘等構造
皆與太刀無異

斬馬刀不適合普通日本刀的「拉斬」
用法，乃以突刺劈斬為主。虛構作品
中的斬馬刀不論重量或銳利度皆屬上
乘，故能連人帶馬砍成兩半

斬馬刀與打刀的尺寸比例

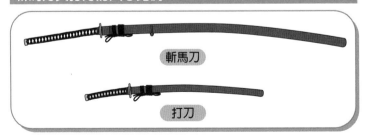

斬馬刀

打刀

關聯項目

◆雙手持用的劍～雙手劍→No.042　　◆大型劍～巨劍→No.087
◆日本特有的槍形刀～薙刀→No.075

粒子刃～光劍

剣刃會發出紅色或黃色光芒的刀劍狀武器。整柄武器僅以20～30公分的握柄部構成，藉操作按鈕等機關啟動武器、釋放能量構成劍身。

➢ 唯使用時才會構成劍身

光劍的最大特徵，便是能用人稱「光刃」、「光束刃」、「高能量劍身」的劍刃斬斷目標物；光劍可視其劍身構成方式分成兩種，即力場式劍身以及放射式劍身。

力場式劍身就是利用能量循環形成光刃的劍身構造。此類劍身重量趨近於零，揮擊武器的速度更是快到實體刀劍無法比擬的程度。能量循環構成的擬似劍身中會有種「力場產生的獨特力矩」發生，必須經過訓練習慣以後才能運用自如。由於力場有相互排斥的特性，力場式劍身因此能跟同種類光劍相互斫擊。除此之外，力場式劍身還有個很重要的優勢──能把「光束」等光學武器反彈回去。

放射式劍身則是不斷向外釋放能量構成光刃。此類劍身近似於「火焰放射器或火炬放射出的火焰」，無法與其他武器互斫。再者，相對於力場式劍身「只在需要切斬時才消費能量」，放射式劍身卻必須不斷地放射出能量，所以會有使用時間的限制的問題。若要比較武器的最大能量輸出值，則是放射式劍身略勝一籌。

光劍的劍身沒有重量，所以用劍身毆擊無法製造太多殺傷力。如果敵人使用「防禦光刃的裝甲」，光劍就會完全失去效用，當然這麼好用的裝甲並不多。「結合實體劍與光劍的武器」就是為此而生的武器，它只將劍的「劍刃部分」粒子化，平時利用粒子劍刃切斷物品，遇緊急時刻才用劍身前端戳刺或毆擊。但此劍的光刃產生器是設置在劍身──亦即最容易受到衝擊的部分，所以必須注意避免武器故障等狀況發生。

光刃之形成模式

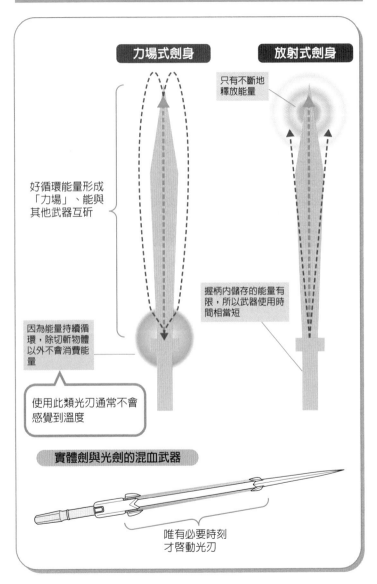

力場式劍身

放射式劍身

只有不斷地
釋放能量

好循環能量形成
「力場」、能與
其他武器互斫

握柄內儲存的能量有
限,所以武器使用時
間相當短

因為能量持續循
環,除切斬物體
以外不會消費能
量

使用此類光刃通常不會
感覺到溫度

實體劍與光劍的混血武器

唯有必要時刻
才啓動光刃

伸縮自如～劍鞭

劍鞭是種可視狀況採取鞭或劍兩種形態的武器，還能視敵我距離改變作戰方式。劍鞭的劍形態大多是形似長劍、短劍等武器的「細長兩刃直刀」。

➤ 遠近距離兩相宜

此武器亦稱「蛇腹劍」，因同時具備**鞭**和**劍**的機能而得以擁有「遠近皆宜的攻擊距離」。劍鞭的構造與其說是「蛇腹」倒更像串「數珠」，是由一條貫穿武器中心有如鋼絲的鐵芯，以及可以沿著鐵芯前後移動的利刃組合構成。

普通鞭子「只能用鞭頭部分打擊」，相反的佈滿利刃的劍鞭卻有個相當重要的優勢，便是不論任何部位都能進行有效的攻擊，劍鞭還能輕易纏住敵人的武器或手腕，控制住敵人行動以後再使勁一扯，就能用「吃進肉裡的利刃」造成二度傷害。

但是這個武器前端並沒有鞭子的「重錘」構造，必須具備過人技術才能將劍鞭控制自如。有些劍鞭會在鞭頭——相當於劍身的劍尖部分——使用比重較大的金屬，試圖使「鞭形態」更容易操控，但終究無法改變「比普通鞭子更難用」的事實。揮舞劍鞭時還要注意別一個不小心就把鞭刃甩到自己身上。

採取劍形態作戰時，最好能避免跟**雙手劍**和**戰斧**等「鐵塊」武器正面衝突。劍鞭的多節劍身，其實就跟「劍身的裂痕」，儘管劍鞭中間有條鐵芯，不至於碎裂，但也不必刻意選擇**正擊**、**橫掃**或**武器防禦**等容易加重劍身負擔的戰鬥方式。

持劍鞭應當以突刺系攻擊及**卸力**為基本戰術，再利用此武器的最大優勢——「持鞭採取遠距離攻擊」攻擊敵人要害，敏捷俐落地作戰。

伸縮自如的利刃

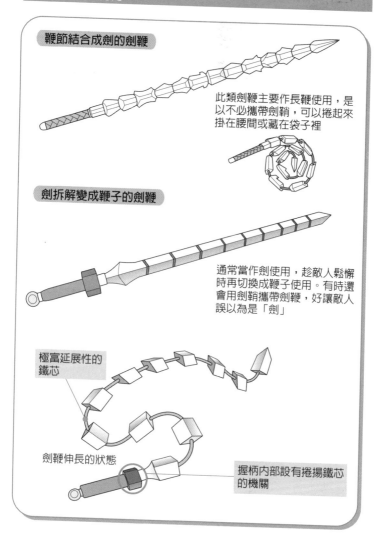

鞭節結合成劍的劍鞭

此類劍鞭主要作長鞭使用，是以不必攜帶劍鞘，可以捲起來掛在腰間或藏在袋子裡

劍拆解變成鞭子的劍鞭

通常當作劍使用，趁敵人鬆懈時再切換成鞭子使用。有時還會用劍鞘攜帶劍鞭，好讓敵人誤以為是「劍」

極富延展性的鐵芯

劍鞭伸長的狀態

握柄內部設有捲揚鐵芯的機關

關聯項目

◆近身武器的攻擊方法→No.004
◆近身武器的防禦方法→No.005
◆劍有何特徵？→No.007
◆戰鬥用斧～戰斧→No.035
◆雙手持用的劍～雙手劍→No.042
◆動若靈蛇的長鞭～鞭→No.077

No.091
擁有兩個刃部的武器～雙重刃部武器

亦即有「兩片鋒刃」的武器。單刃武器被改造成擁有兩個刃部的武器時，便稱作「雙重刃部武器」。此語專指有刃部構造的武器，因此鎚類武器和投射武器並不符合此定義。

➢ 需具備相當戰鬥技術的專家級武器

　　「有兩個刃部的武器」基本上可以分成「兩刃」和「雙刃」兩種。

　　首先是將**戰斧**等原屬單刃的武器改造成「兩刃」的武器；單刃武器揮擊出去以後，必須調轉刃向或把刃部拉回原來位置，兩刃武器揮擊後卻不需再「調頭」即可直接繼續攻擊。若是斧這種具頭部構造的武器，兩刃武器還能調整武器重心，便於揮擊。像**日本刀**這種彎刀若是在圓弧內側（刀背）加設利刃很快就會折斷，而**長劍**和**匕首**等直劍原本就都是兩刃的構造，因此不再特稱為「雙重劍刃」畫蛇添足。

　　雙刃則是指「在握柄末端另設一刀身」的構造，另稱「雙刃劍」「雙頭斧」以區別兩刃武器。

　　使用這種雙刃武器就跟乘坐單人皮艇時，划動雙頭短槳（櫓）一樣，必須手持握柄中心部分揮動，乍看之下與**四角棍**的使用方法或有雷同，不過這種武器雙頭皆是「利刃」，不像棒術能夠在「必要時握持棒尾當作長槍使用」。其次，若將利刃指向對方，另一頭勢必就會指向自己，稍有錯手甚至可能會造成「原本想要砍擊敵人，結果卻自傷大腿或腹部」的窘態。

　　換個角度想，若將這「指向自己的利刃」從腋下往後送，還能刺擊背後的敵人，或繞到後方防禦背後的攻擊；只要掌握住武器的特性，便能藉著有效且詭譎的動作，掌握戰鬥的主導權。

有效利用雙重刃部

兩刃武器

普通的斧兵器
一旦揮擊出去……

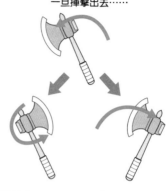

兩面皆有利刃，揮擊後不必
調轉刃向

① 若非調轉刃向

② 便只能將武
器還原至原本
的位置

雙刃武器

可有效對付前後左右的敵人

旋轉揮擊最能發揮威力

雙刃武器都是體積相當龐大的武器，故能以類似二刀流的狀態作戰；
而且雙刃武器基本上都是雙手持用，不會受限於使用者的肌力不足。

關聯項目

◆日本刀是什麼樣的武器？→No.008
◆戰鬥用斧～戰斧→No.035
◆三尺劍～長劍→No.056

◆八寸短劍～匕首→No.062
◆棍杖～四角棍→No.072

隱形的絲線～鋼絲

鋼絲武器的最大功用就是切斷能力。就連薄薄的紙片也能割破手，同理可證，絲線只要夠細夠強就能發揮切斷力。虛構作品的世界裡甚至有許多相當恐怖的鋼絲，能把鋼鐵彷彿黏土般地輕易切斷。

➤ 看不見的利刃

鋼絲武器有個必須注意的重點，即鋼絲與目標物的接觸部分全都形同「利刃」。若手持利刃直直往下剁，絕對不如剁擊時一面將利刃往回拉來得鋒利。一樣的道理，持鋼絲作戰則應以纏住敵人限制行動為基本戰術，假設有什麼不對勁，隨時都能拉扯鋼線把對方當作蘿蔔切成數片。

或許有些讀者會想：姑且不論肌肉，骨頭應該就切不斷吧！不必擔心，只要選用單一分子或奈米纖維（Nano Filament）材質，絲線就能穿透目標物的分子隙縫，使其剝離。換句話說，這種絲線連金屬材質的鎧甲都能切斷，更遑論骨頭。纖細的絲線很難用肉眼辨識，經常會使敵人產生「遭到隱形利刃攻擊」的錯覺。然而鋼絲唯有在「拉張、展開的時候」才能切割物體，還要用相當快的速度才能奏效，使用鋼絲時務請牢記。

其次，拉張鋼絲時尚且必須注意「保護手腕」。要是沒把敵人切成肉片，而自己的手卻已肢離破碎，便本末倒置了。如果使用者是像「傀儡師」這種藝術專職者，或許尚可藉「遠古流傳至今的古祕法」或「長年訓練培養的特異體質」克服此難處，但普通人最好還是戴上特殊材質製成的手套，採取各種防護措施為妙。若選用鋼琴琴弦等隨手可得的鋼絲，則可以在拳頭上多繞幾圈固定住，使鋼絲更加穩固。隱藏式武器「絞首索」（Garrote）就是至近距離戰鬥專用的絞殺武器，金屬絲兩端所設「握把」不但能保護手腕，亦有助於施力拉張金屬絲。使用時將握把納於掌心，使金屬絲從指間穿出，絞住敵人頸部。此武器之設計目的乃是絞縊而非切斷，金屬絲部分則可選用鋼絲或釣魚絲等材質。

當成武器使用的絲線

鋼琴琴弦之類的
堅固細絲

肉眼看不清楚。
因為看不清楚所
以無法躲避。

恐怖的切斷武器於焉誕生

亦經常被用來設置圈套(陷阱)

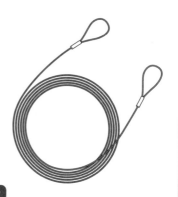

若能取得「單一分子」或
「奈米纖維」材質的鋼絲
是最好不過

絞首索

貼身距離的絞殺道具

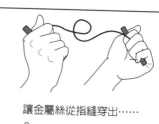

讓金屬絲從指縫穿出……

瞬間拉張、展開

197

鐵鎖製成的長鞭～鎖鏈武器

繩索、皮鞭及鋼絲等武器皆有強度略嫌不足之憾，即便順利纏繞限制住敵人的行動，敵人還是能將其割斷。相對的，金屬製成的鎖鏈卻是強度十足，不會被輕易割斷。

➤ 一旦捕捉到便無法掙脫

鐵鏈既沉重又堅硬，光是揮舞鐵鏈敲擊，便能產生相當大的破壞力。牢固的鐵鏈不但能直接用來打擊敵人，還能繞在手腕等處，當作代用防具使用。

「牢固」便是鎖鏈武器的最大特徵，有助於使用各種不同戰術。如果能用比重較大的金屬鑄成重錘設於前端，便能利用揮舞時的離心力使鐵鏈伸展開來，有如長鞭般纏住敵人雙腳令其失足。敵人若欲採取**武器防禦**、**格架**或**卸力**等防禦法，對柔軟有如繩索的鎖鏈武器亦是莫可奈何，最後只會落得被鐵鏈纏住手腕武器、無法施展攻擊的下場；就算想要割斷鐵鏈逃離，能夠破壞鎖鏈武器的武器也非常有限。

「雙匕鎖鏈」堪稱為鎖鏈版的**刃鞭**，是在鐵鏈兩端裝設突刺短劍的武器。此武器乃源自於「提升長鞭攻擊力」之發想，並且同時擁有鐵鏈打擊和短劍刺擊兩種攻擊屬性，只要善加運用鐵鏈的重量以及短劍的鋒利度，即便敵人穿著鎧甲亦可攻破，給予有效殺傷。

高強度的鎖鏈武器重量當然不輕，必須具備充足體力才能使用。選用較細的鎖鏈當然亦可行，但武器強度也會隨之降低。虛構作品中有許多用「輕盈且強韌」材質製成的鎖鏈武器，連力量不大的女性也能運用自如，這些鎖鏈手幾乎都是運用某種有如超自然現象般的神奇力量來驅動鎖鏈，把它使得活靈活現宛如生物；諸如憑空改變鎖鏈方向、擊落飛行道具等手法都只能算是雕蟲小技，甚至還有鎖鏈手能把鎖鏈鋪在地面，張設出結界。

「牢固」是最大的特徵

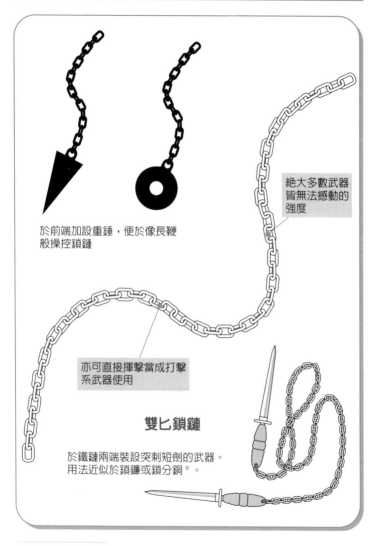

於前端加設重錘，便於像長鞭般操控鎖鏈

絕大多數武器皆無法撼動的強度

亦可直接揮擊當成打擊系武器使用

雙匕鎖鏈

於鐵鏈兩端裝設突刺短劍的武器。用法近似於鎖鐮或鎖分銅＊。

＊ 鎖分銅：請參照No.012譯注。

關聯項目

◆近身武器的防禦方法→No.005　　◆動若靈蛇的長鞭～鞭→No.077
◆八寸短劍～匕首→No.062

電動式鏈鋸～電鋸

鋸子是將鋸齒擱置於切割物體表面，來回抽送截斷物體的道具；電鋸則是將前後抽送的動作自動化，只消用鋸齒輕輕碰觸便能鋸斷物體。

➤ 鋸子之進化型武器

電動鏈鋸的「鏈」並非鎖鏈，而是「腳踏車鏈條」的形狀。手斧演變成**戰斧**，打穀用的農具「梓」*則是演變成**連枷**；同樣的，原本只是生活道具的鋸子也是因為發動機＝引擎或電動馬達的動力，方才搖身一變成為威力強大的武器。電鋸是利用裝設於扁平狀導引鋼板（Guide Bar）邊緣鏈條鋸齒的高速回轉，能輕易將碰觸到的東西撕裂成碎片。

此武器最引人注目的特徵，便是鏈條回轉及發動機運轉時產生的巨大「噪音」，光是聽到這個噪音便令人不寒而慄，使敵人遲疑延誤判斷。鮮少有武器能正面抵擋電鋸的攻擊，所以有時光憑運轉聲就能令敵人喪失戰鬥意志；更有甚者，除恫嚇敵人以外，還能「對周遭人物施以沉重的心理壓力」。但反之，電鋸亦因無法靜音使用，所以完全不適用於暗殺或奇襲。

幾乎所有電鋸都是直接將鏈條連接至動力輸出部位，武器重心非常接近握柄處。基本上電鋸必須雙手持用，不過當鏈條碰撞到硬物或者被夾住的時候，會產生急遽的反作用力，每每將電鋸拉扯到無法預料的方向，危險性很高。

發動機或電動馬達是驅動鏈條的動力來源，若長時間連續運轉就會耗盡燃油或儲電量，無法繼續使用。戰鬥中若電鋸無法轉動，大概也只能把整台機器擲向敵人，因為就算使用停止轉動的電鋸劈擊敵人，結果不是使鏈條斷裂，就是電鋸彎曲變形而無法再啟動。除此之外，沾浸水氣、長期放置未使用亦將損及電鋸效能，是個必須細心保養的纖弱武器。

電鋸的特徵

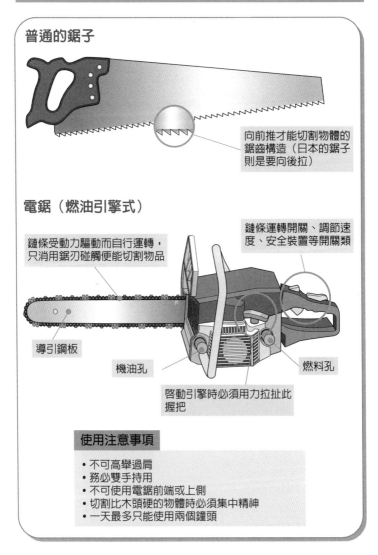

普通的鋸子

向前推才能切割物體的鋸齒構造（日本的鋸子則是要向後拉）

電鋸（燃油引擎式）

鏈條受動力驅動而自行運轉，只消用鋸刃碰觸便能切割物品

鏈條運轉開關、調節速度、安全裝置等開關類

導引鋼板

機油孔

燃料孔

啓動引擎時必須用力拉扯此握把

使用注意事項

- 不可高舉過肩
- 務必雙手持用
- 不可使用電鋸前端或上側
- 切割比木頭硬的物體時必須集中精神
- 一天最多只能使用兩個鐘頭

＊栲：請參照No.048譯注。

關聯項目

◆連結式棍棒～連枷→No.030　　　◆戰鬥用斧～戰斧→No.035

不斷振動的利刃～高周波刃

利用刃部的高周波振動，藉以切斷目標物的武器。此用語是「高周波+刀身（刃）」
的意思，是指刃部構造與機能的名稱。主要使用於劍、匕首等刀劍類武器的刃部。

➤ 利用細微振動切斷目標物

　　普通刀劍的刃部是透過「物理性硬度和刃部的銳利度」來
撕裂物體，但高周波刃則是利用構成刃部的高振動粒子，「從
分子層級剝離接觸物質」達到切斷的效果。所謂「高周波刃」
不光是指刀身部分的設計，同時也是具有該機能之所有武器的
統稱用語。

　　通常刀劍等武器的刀身（刃部）強度皆與切斷力呈反比，
高周波刃卻不適用此規則，它非但鋒利度更勝**日本刀**，同時還
擁有跟西洋劍兵器同等級的武器強度。此類兵器乃因「高周波
振動」才能如此鋒利，是以必須具備高水準的科學技術才能製
造，然而這些知識和技術大多必須保密藏私，持高周波刃作戰
者自然也就成為少數。

　　使高周波刃開始振動的機關設於握柄處，有些是要操作按
鈕拉桿，有些則是要扭動握柄才能啟動。啟動前的高周波刃相
當樸鈍，不需用鞘即可攜帶，但為免造成武器功能失常，最好
還是使用護鞘為佳。此外，啟動前亦可當作普通刀劍使用的
「設有普通刃部的高周波刃」，亦不在少數。

　　高周波刃啟動後就會成為鋒利無比的刀劍；除**光劍**等高能
量構成的武器和受力場保護的物體以外，任何物體只要碰觸到
高周波刃轉眼就會斷成兩截。跟高周波刃周旋的時候，不用說
要用武器防禦，就連**架格**和**卸力**亦不可行，只能運用體術不斷
閃避而已。我方亦持高周波刃與其對抗固然是個辦法，不過兩
柄高周波刃交相矸擊的時候，勝負便全視輸出功率而定，使用
者的戰鬥技巧反倒無什麼影響。

設有振動刃的武器

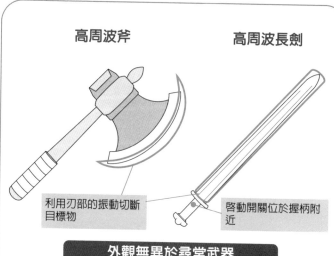

高周波斧　　　高周波長劍

利用刃部的振動切斷目標物

啓動開關位於握柄附近

外觀無異於尋常武器

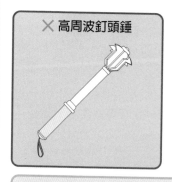

✕ 高周波釘頭錘

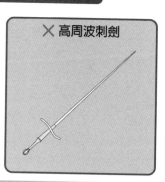

✕ 高周波刺劍

高周波振動是用來強化刃部的「切斷」機能，所以沒有刃部構造的刺劍、鎚等武器無法製作成高周波兵器

關聯項目

◆近身武器的防禦方法→No.005
◆日本刀是什麼樣的武器？→No.008
◆大型劍～巨劍→No.087
◆粒子刃～光劍→No.089

戰鬥用摺扇～戰扇

戰鬥用的摺疊扇。這種扇子外形有別於相撲行司*的「軍配團扇」或西遊記的「芭蕉扇」，是一種能夠開合的摺疊扇造型。戰扇的形狀適合以切斷用途為主，西洋世界幾乎沒有這種武器。

➤ 開則切斷，合則毆擊

扇子看起來好像不能當作武器使用，其實只要把竹子和紙張換成金屬材質，就會是相當好用的武器。金屬板固然無法像蛇腹部的鱗片般完全摺疊起來，卻能像用手攤開撲克牌般地推開、展成扇形。

金屬板的外緣則是研磨得鋒利有如剃刀，可拿來切割各種物體。扇一般長度介於30～60公分、重約2～3公斤，持扇可將遠處射來的飛箭擊落，把扇葉合起來還能當成棍棒使用。

戰扇這種特殊的武器，尚無法在虛構作品以外的真實世界成為主流武器，大肆縱橫戰場。使用此武器有兩個相當重要的資質：「懂得故弄玄虛」和「厚臉皮」。戰扇原本就不是採正攻法作戰的武器，而是要趁著敵人心想「不過是把扇子而已」的時候欺近身去，一擊分出勝負。此時可以開扇斬擊敵人要害，也可以合扇重擊敵人後腦勺，視當時狀況而定，持戰扇作戰者最好還是要有「在對方面前表演舞蹈」的膽識。

據傳日本的「鐵扇」是戰扇的原型武器，主要是作打擊武器使用；鐵扇最外側人稱「大骨」的扇骨部分是以金屬製成，基本上是把扇子摺起來使用。跟戰扇不同的是，鐵扇的扇紙部分仍舊是使用紙張材質，開扇狀態時只能當作軍扇使用，無法用於切斬。此外還有些鐵扇是用鐵或黃銅鑄造成「摺疊狀態的扇子」形狀，經常被拿來當作防身武器，緊急時可以抵擋敵刀斬擊。能夠開合自如的鐵扇稱作「開扇型」，仿造摺疊狀態一體成型的鐵扇則稱「模擬型」，以此標準為區別。

戰場上的羽扇舞者

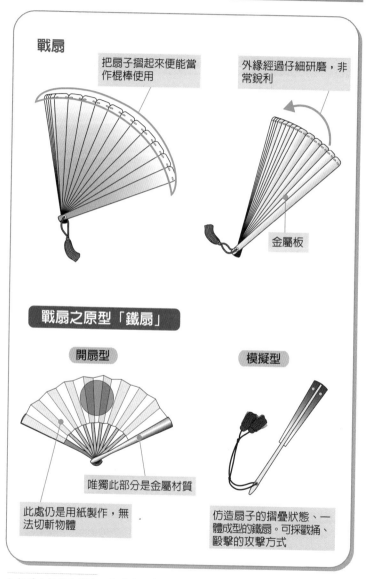

戰扇

把扇子摺起來便能當作棍棒使用

外緣經過仔細研磨,非常銳利

金屬板

戰扇之原型「鐵扇」

開扇型

模擬型

唯獨此部分是金屬材質

此處仍是用紙製作,無法切斬物體

仿造扇子的摺疊狀態、一體成型的鐵扇。可採戳捅、毆擊的攻擊方式

＊行司:相撲比賽中,負責在土俵上管理雙方力士、判定勝敗的裁判。

混種武器～複合武器

亦即結合多種武器的組合武器。劍和斧等近身戰武器便經常跟投射武器結合使用，但兩者的強度與精度往往都有段很大的距離，有時實際用起來不順手也是在所難免。

➤ 機能不同的武器合而為一

　　嚴格來說，結合**槍**、**斧**和鉤爪的**瑞士戟**也算是種複合武器，但這麼一來，複合武器勢必會無限擴張至幾乎所有種類的**鎚**兵器和**長柄兵器**，因此本書特別將複合武器定義為「近身戰鬥武器及**投射武器**」或「武器及防具」這種「將無法並立運用的機能融合成一體的武器」。

　　最基本且最具代表性的複合式武器，當屬鎗與劍的結合。敵人在遠處可以用鎗狙擊，逼近身來則可以舉劍斬擊。這種武器看似合乎邏輯且頗有效率，然而此時卻千萬不能忽略它的威力強度是否足夠的問題。

　　近身戰武器通常是專為砍殺敵人和兵刃斫擊而鑄造，武器構造既單純而且強韌；可是複合武器有時卻會因為結合多種武器而無法維持強度，甚至在戰鬥中突然斷成兩截，而且發射子彈或箭矢的投射武器很容易變形，近身戰拿武器跟敵人鏗鏘互斫也很可能會讓武器的準星跑掉。

　　無論是何種武器，臨場是用時千萬不可因為「搞不好會壞掉、搞不好會變形」而躊躇不前。所謂實用的複合式武器，若無法選用耐性超群的劃時代新材料來排除武器強度面的疑慮，就只能將其中一項武器視為「次要選項」來區別運用。

　　至於結合武器與防具的複合式武器，並沒有強度的問題。融合鎗與盾牌的「鐵盾槍」（Gun Shield）、結合劍與手甲的「拳劍」（Pata）等都是複合武器，但這些武器總是比普通防具更加龐大笨重。

形形色色的複合武器

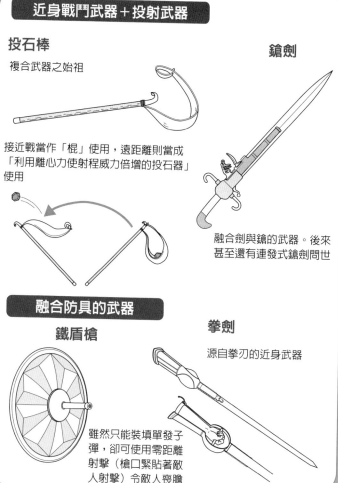

近身戰鬥武器＋投射武器

投石棒

複合武器之始祖

接近戰當作「棍」使用，遠距離則當成
「利用離心力使射程威力倍增的投石器」
使用

鎗劍

融合劍與鎗的武器。後來
甚至還有連發式鎗劍問世

融合防具的武器

鐵盾槍

雖然只能裝填單發子
彈，卻可使用零距離
射擊（槍口緊貼著敵
人射擊）令敵人喪膽

拳劍

源自拳刃的近身武器

關聯項目

◆斧是蠻族的武器？→No.010
◆各式不同種類的鎚→No.012
◆槍是騎兵的武器，還是步兵的武器？→No.015
◆融合斧與槍的武器～瑞士戟～→No.047
◆何謂長柄兵器？→No.017
◆遠距離攻擊用武器「投射武器」→No.019

回到我手裡吧！回力武器

回力武器是擲向遠處目標以後，還會再度回到手邊的武器。此武器名稱乃源自於投擲式棍棒「回力棒」，「只有在未擊中目標時」才會飛回來。虛構作品的世界裡有許多「打擊敵人後仍然能飛回來」的回力武器。

➤ 不斷攻擊直到命中為止

回力棒是種彎成「く字型」的扁平狀武器，朝水平方向旋轉飛行。飛行的時候，平板狀回力棒的周圍會產生風壓使其慢慢轉向，藉此改變飛行軌道讓武器飛回手中。或許是這個性質太過獨特，後來遂有許多既非投擲式棍棒亦非平板狀的武器，僅是因為具備「能回到手中」的性質而冠上「回力棒」之名。

回力武器之特色，便是武器會「旋轉飛行而去」。這跟直升機的螺旋槳透過旋轉獲得浮揚力，能夠利用旋轉效果維持飛行穩定是同樣的道理。因此，唯有「劍、斧等扁平且能夠旋轉的武器」才能當作回力武器使用。回力棒本身是用木頭製成，重量頗輕，有如機翼的武器構造亦有助於產生浮力；笨重且形狀複雜的劍或斧旋轉起來很難產生浮力，但只要克服這個問題，應當就能發明出能把目標砍成兩段然後再飛回手中，威力驚人的回力武器。

回力武器的最大缺點，就是這種武器乃是利用旋轉產生的浮力飛行，使得武器飛回手中時，仍然維持著「跟投擲出去時相同的旋轉及慣性」。如果回力武器只是用任何人都能輕易接住的力道飛行的話，先別說敵人能把武器接住，武器壓根就沒辦法好好飛行。如果想要順利接下維持著相當威力的回力武器，使用者必須具備超乎常人的動態視力和敏捷度。此外，如同表演雜耍般地同時投擲多枚手裡劍大小的小型回力武器，藉此迷惑敵人，也是相當有效的戰術。儘管此時投擲武器的力量稍弱，可能會被敵人接住，但因為投擲數量眾多，還是能給予敵人較輕微的殺傷，削減其戰力。

注意背後！

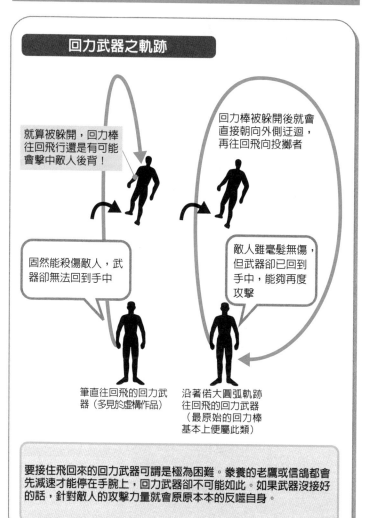

回力武器之軌跡

就算被躲開，回力棒往回飛行還是有可能會擊中敵人後背！

回力棒被躲開後就會直接朝向外側迂迴，再往回飛向投擲者

固然能殺傷敵人，武器卻無法回到手中

敵人雖毫髮無傷，但武器卻已回到手中，能夠再度攻擊

筆直往回飛的回力武器（多見於虛構作品）

沿著偌大圓弧軌跡往回飛的回力武器（最原始的回力棒基本上便屬此類）

要接住飛回來的回力武器可謂是極為困難。豢養的老鷹或信鴿都會先減速才能停在手腕上，回力武器卻不可能如此。如果武器沒接好的話，針對敵人的攻擊力量就會原原本本的反噬自身。

關聯項目

◆劍有何特徵？→No.007　　　　　◆斧是蠻族的武器？→No.010

No.099

一擊必殺～樁砲武器

是用鋼樁貫穿目標的動力武器。鋼樁多呈槍形，一般是用裝填液態火藥的空包彈，或者運用電磁感應原理加速，把鋼樁射出。樁砲的威力早已超越一般近身武器的常識，就連金屬製成的盾牌和鎧甲都能輕易貫穿。

➢ 突刺攻擊之極致

這種武器是將**槍**、**刺劍**等武器的突刺攻擊強化、自動化形成的產物。裝填於發射器的鋼樁，會用跟尋常「突刺」完全不同等級的速度和威力被擊發出去，輕輕鬆鬆就能貫穿敵人的裝甲。被樁砲武器盯上就相當於「被30公分外的**十字弓**攻擊」一樣，想要閃躲可謂是難上加難。樁砲武器都是利用瓦斯的壓力或電磁感應原理來擊發鋼樁，構造跟手鎗火箭砲相當類似，然而鋼樁重量不輕，亦無輔助飛行的安定裝置，完全無法達到普通投射武器的效能。日本八〇年代的動畫就曾經有類似其原型的武器出現，從此擁有相同機能的武器皆統稱為「樁砲」（Pile Banker）。

樁砲的使用方法其實跟「在至近距離按下強力彈簧刀的按鈕」非常類似；不同的是，彈簧刀的刀身彈出後就會停止運動，樁砲的鋼樁就算被閃開或格開，還是會繼續飛射出去。是故，使用樁砲必須每擊必中——要逼近至敵人絕對無法閃避的距離，並且在確定能夠取其性命的時刻方才擊發。樁砲正是只有在近距離戰鬥才能發揮威力的一擊必殺武器。

此類武器當中亦不乏將鋼樁擊發至盡頭後，瞬間停止鋼樁慣性運動的「伸縮式」樁砲，這麼一來，就算鋼樁脫落也不會飛射出去，可是這種武器其工作部位承受的負荷遠大於射擊式樁砲，以致戰場上的使用次數相當有限。

樁砲不僅有使用者體格與肌力的限制，還有擊發後重新裝填鋼樁前，將被迫處於無防備狀態的弱點。除此以外，「彈盡援絕」和機械故障之虞亦是所有動力武器皆難以擺脫的宿命。

全神貫注擊發

盾型　攻守一體的樁砲。
若鋼樁脫落無法射擊，只消將
鋼樁歸回定位便能再次使用

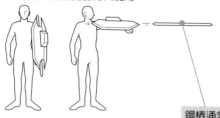

鋼樁通常都是用相
當罕見的特殊材質
製成

手持型　此型基本上都是「伸縮式」
樁砲。能夠保持雙手使用，
便於臨機應變

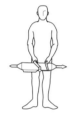

打樁機型　跟「道路工程用混凝土碎石機」一樣，
使短鋼鑿形狀的鋼樁前後滑動鑿擊

簡約版樁砲，反作用力
與武器重量較小，比較
容易使用

關聯項目

◆槍是騎兵的武器，還是步兵的武器？→No.015

◆專司突刺的劍～刺劍→No.057

◆弩～十字弓→No.050

最強的旋轉兵器～電鑽

圓錐狀的自動回轉式錐體。這種武器必須借助引擎或電動馬達等動力源，才能發揮機能，但電鑽比同屬動力武器的電鋸更為牢固，即便在最惡劣的情況下，仍然能當作棍棒使用。

➤ 堪稱科技智慧結晶的近身武器

電鑽本是「挖洞用的切削工具」，外形細長有如鐵錐。相信無須列舉**刺劍**或**針**等實例，任誰都知道其外形細長的刃部適於突刺，打洞專用電鑽頭（Drill Bit）還會利用旋轉讓螺旋刃鑽進物體內。雖然這已經是性能相當優越的武器了，然而電鑽跟**電鋸**同是動力武器，難免會有相同的致命弱點；電鑽不僅笨重、保養費事，還有燃料用盡和機械故障等不安因素。

少部分想把電鑽當作武器使用的強者有鑑於此，遂嘗試換個角度來思考；他們接受動力武器的弱點，並且反過來盡可能地善用武器的優點，截長補短。

動力武器的長處就是「能夠持續發揮驚人的威力」。換句話說，只要是在武器素材和零件的強度許可範圍內，電鑽便能將遠遠凌駕於人力的動力，全都凝聚集中於電鑽頭，為活用此優勢，電鑽遂運用各種可能的技術來提升動力輸出，並將鑽頭改造成可承受電鑽動力的「粗圓錐狀」，於是就此進化成能夠挖出巨大坑洞的挖掘坑道專用電鑽的形狀。

圍繞著電鑽表面的螺旋狀溝槽，構成利刃般的構造，能夠挖鑿目標物並將碎渣排出。雖然電鑽總是給人除「挖洞」外別無他用的印象，但正是拜此溝槽設計所賜，才得以在鑽頭的表面增加了一個切削面。

相對於重視攻擊性能並特別強化突刺攻擊的**樁砲**，電鑽不僅能用於戳刺攻擊，還能利用切削面外緣採取**格架**和**武器防禦**，隨機應變，活用各種戰術變化。

「男子漢的武器」

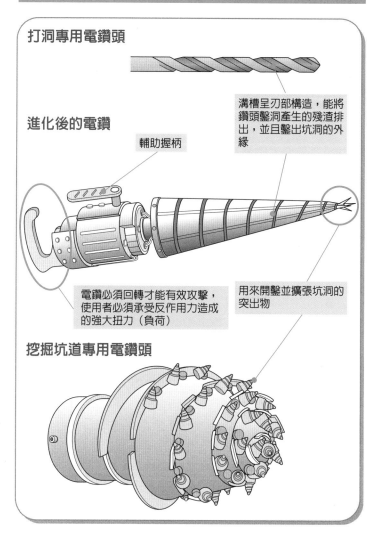

打洞專用電鑽頭

進化後的電鑽

輔助握柄

溝槽呈刃部構造,能將鑽頭鑿洞產生的殘渣排出,並且鑿出坑洞的外緣

電鑽必須回轉才能有效攻擊,使用者必須承受反作用力造成的強大扭力(負荷)

用來開鑿並擴張坑洞的突出物

挖掘坑道專用電鑽頭

關聯項目

◆ 近身武器的防禦方法→No.005
◆ 槍是騎兵的武器,還是步兵的武器?→No.015
◆ 專司突刺的劍～刺劍→No.057
◆ 終極的突刺武器～針→No.069
◆ 電動式鏈鋸～電鋸→No.094
◆ 一擊必殺～樁砲武器→No.099

擁有意志的武器

擁有意志的武器通常都有特別的能力，譬如能夠有效攻擊普通武器無法傷及毫髮的「非人魔物」。這些武器固然能夠賦予使用者力量，有時卻也是不幸的開始

➤ 精神托宿其中的武器

武器根本就不可能會自行思考。「……吾刃須當茹血」低語喃喃的邪劍，或者「得遇劍士如爾，吾生為刀劍亦感欣悅」「你的劍正在哭泣」等，都只不過是使用者將自我意志投射於武器的現象而已。

然而世上總是充滿許多不可思議的現象，每隔一段時間就會有除了「武器本身擁有思考能力」以外無從解釋的奇異事例發生；像是刀身散放光芒鼓舞戰士、有血緣關係的刀劍發出尖銳金屬音互相呼喚等例都還算普通，甚至還有武器侵入使用者精神世界叨叨唸著「殺！殺！殺！」的例子。

「此類武器的意志究竟寄宿於何處？」這個問題讓研究者傷透了腦筋。假設意志並非寄宿於特定部位，那麼整柄武器很可能就相當於其「軀體」，而缺刃便等同於受傷。倘若劍身斷成兩截，那麼劍的意志遭受的損傷大概就等於「被人用駱駝式固定技*扳成兩截」吧！如果武器的意志並非自然產生，而是被某人「製造出來」的武器，則鑲嵌於握柄中的「寶珠」或「封印珠玉」通常就是精神寄宿的「核心」。這種設計不知是製造者的刻意安排，抑或純粹只是因為比較容易鑄造使然，總之此類武器毀壞時的修理和重鑄工作似乎比較簡單。

這種擁有意志的武器仍是以「劍」的比例佔壓倒性的多數，這大概是因為劍的固有精神抑或其存在意義，比較能切合「意志」因素所致吧！尤其日本更有「古老的道具皆有靈魂寄宿」的思想，是故像「一名自稱刀劍精神體的半裸女子，突然發出刺眼光芒，轉眼變身成為寶劍」這種讓人既是害臊又是高興的場景，在日本是絲毫不顯突兀，相當自然的想法。

擁有智慧的劍

擁有意志的武器絕大多數都是「劍」

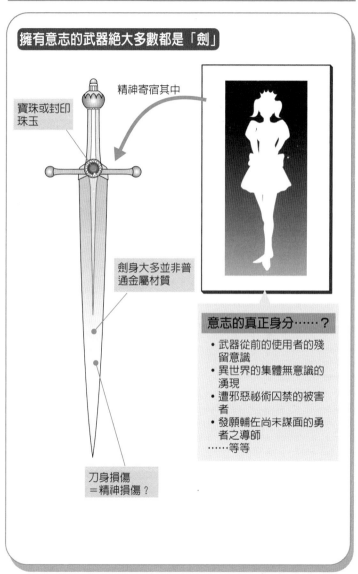

精神寄宿其中

寶珠或封印
珠玉

劍身大多並非普
通金屬材質

意志的真正身分……？

- 武器從前的使用者的殘留意識
- 異世界的集體無意識的湧現
- 遭邪惡祕術囚禁的被害者
- 發願輔佐尚未謀面的勇者之導師
- ……等等

刀身損傷
＝精神損傷？

＊駱駝式固定技（Camel Clutch）：駱駝式固定技是種摔角的招數。首先坐在趴在地面的對手背上，然後雙手固定住敵人下巴使勁往後扳。使用此招數有如騎乘駱駝拉扯韁繩，故有此名。

中英日名詞對照索引

【九劃】

220

221

重要關鍵字及相關用語

■E・J（Excalibur Junior）エクスカリバージュニア

此劍構造跟斷鋼神劍相同，只是比較小一號而已。根據魔法師梅林（Merlin）的說法，這把劍是斷鋼神劍的兄弟劍，擁有自我意志、厭惡蜘蛛。

■Kiss　キス

用嘴唇攻擊異性的攻擊方法，亦稱「接吻」、「親親」。其特徵便是威力會視攻擊手背、額頭、臉頰等部位而異；在某些狀況下，對周遭旁人的殺傷力甚至會大過直接受到攻擊者。此戰法並不適用於連續攻擊，第二次攻擊以後威力就會銳減。

【二劃】

■七支刀（しちしとう）

除主要刀身外另有六支鉤狀小刀身的劍。七支刀如今仍然被供奉在古代日本朝廷的兵器庫——石上神宮內，不過神社皆視之為鉾（六又鉾）而不是刀。

■七萬人　七万人

時代劇《桃太郎侍》飾演主角的高橋英樹40年來殺死的總人數。據說「殺的最多的就是越後屋[*1]和勘定奉行[*2]」。

■匕首　ひしゅ

短劍大小的中國武器。匕首乃呈兩刃直刀構造，有時還能投擲使用。匕首亦屬暗器，是頗受殺手愛用的暗殺用武器，可藏在轉軸、烤魚魚腹等場所伺機使用。

【三劃】

■三叉戟（Trident）トライでント

共有三股槍頭的長戟。儘管從未被採用為「軍隊的制式武器」，但三叉戟卻是古羅馬的角鬥士（Gladiator）和槳帆船（Galley）船員相當倚重的武器，堪稱是當時的主流武器。

■三叉短劍（Triple Dagger）トリプルダガー

三叉短劍乍看下是柄普通匕首，撥動開關便能讓劍身一分為三，是種用來抵擋敵人西洋劍（Rapier）的「擋格短劍」（Parrying Dagger）。

[*1] 越後屋：越後屋即今日三越百貨之前身，經營綢緞生意。另說只要是越後人開的店就叫作越後屋。日本的時代劇經常會使用「越後屋」此詞，指稱勾結惡代官（不良地方官）的惡勢力。

[*2] 勘定奉行：江戶幕府的職名。隸屬於老中，掌管直轄領地的稅收、出納、領地內農民訴訟等。

■三所物（みところもの）

日本刀的「小柄」、「笄」、「目貫」之統稱。這些小道具是日本刀相當重要的裝飾，跟刀拵都是成套的統一設計。

■大馬士革鋼（Damascus Steel）ダマスカス鋼

產自中東地區的鋼材，於7世紀至十字軍時代傳往西歐。大馬士革鋼是將兩種金屬重疊製成的鍛造鋼，表面有漣漪般的波紋乃其特徵。大馬士革鋼鑄成的武器不易缺口，鍛造成劍則稱作大馬士革劍（Damascus Sword）。

■弓兵　きゅうへい

裝備飛行道具作戰的士兵，亦稱「射手」「弓箭手」。持長弓或十字弓等「弓箭武器」從遠距離攻擊敵兵。中世紀英格蘭和威爾斯的長弓兵最爲有名。

【四劃】

■天神差（てんじんざし）天神差し

刀刃朝下繫於腰帶的攜帶方法。此攜帶法原盛行於室町時代後期，但即使到了江戶時代以後，武士仍然會在騎馬時使用「天神差」攜帶法，以免刀鞘前端戳到馬匹。

■巴賽拉劍（Baselard）バゼラード

巴賽拉劍雖然屬於匕首，但其中亦不乏劍身差不多短劍長度的「斯托塔劍」（Storta）。巴賽拉劍的特徵便是護手和柄頭皆呈棒狀，橫看彷彿就是個「H」字。據說第二次世界大戰德國軍用短劍「瑞士式短劍」便是由此武器演變而成，不過巴賽拉劍其實從未被軍隊採用過，不可混淆。

■手甲（Gauntlet）ガントレット

保護手掌手腕的防具。可分成酷似劍道護手的「連指手套型」，以及五指各自獨立的「五指手套型」。

■日本刀的標準規格　日本刀の定寸

打刀的正確標準規格爲2尺3寸5分（約71.2cm）。太刀並無標準規格，大多都在2尺5寸（約76cm）左右。

【五劃】

■北歐格鬥短刀（Scramasax）スクラマサクス

黑暗時代北歐人使用的刀劍，刀身酷似開山刀。約莫短劍大小，「sax」是德語劍或刀的意思。薩克遜人（Saxon）便是因爲此武器的前身「薩克遜小刀」（sax）而得名。

■卡利班（Caliburn）カリバーン

亦作「Calibunus」、「Chalybs」。據傳此劍乃斷鋼神劍之原型，拉丁語是「鐵」、「硬物」的意思。有些作品會把亞瑟王爲了證明王權而拔出的「石中劍」跟卡利班視爲同一柄武器。

■卡撻短劍（Katar）カタール

劍身呈樹葉形狀的印度短劍。其中亦不乏跟西洋所謂「短劍」（Short Sword）差不多長的卡撻短劍。長期以來總是跟「拳刃」（Jamadhar）混淆。

■平衡重量（Counterweight）カウンターウェイト

　　若劍柄柄頭兼具調節重量的重錘功能，便可如此稱呼。

■打劍（だけん）打劍

　　即投擲手裡劍（手裡劍是要用「打」的）。

■民明書房

　　位於東京神田巷弄內的出版社。大正15年創社以來，曾出版許多極為專業且獨特的書籍。其中亦有不少有關武器和武術的專書，頗受部分研究家好評。

■永恆之槍（Gungnir）グングニール

　　北歐神話主神奧丁（Odin）之槍。此武器是由黑侏儒（矮人Dvergr）鑄造、百發百中。

■皮甲（Leather Armour）レザーアーマー

　　鞣製獸皮製作的防具。與其說皮甲是鎧甲，倒不如說它是種「防護衣」還比較貼切；又因為皮甲不易發出聲響，相當適合祕密行動使用。

【六劃】

■合口（あいくち）

　　亦寫作匕首的日本短刀。得名於「刀柄恰與鞘口吻合」，一般並無護手構造。合口雖屬日本刀，刀身卻幾乎沒有弧度，常被盜賊當作隱藏式武器使用。

■西洋大刀（Glaive）グレイブ

　　形似薙刀（なぎなた）的武器。通常泛指15~17世紀的長柄兵器，不過此武器名稱有時亦涵括14~16世紀的長槍，以及15~19世紀劍身較寬的劍兵器。

【七劃】

■折槍　やりおり

　　乃指六尺棒或四角棍等「棍棒」。在戰鬥當中，槍頭折斷就只好用槍柄作戰，是故稱作折槍。棒術和槍術或許正是因此纔會如此類似。

■投擲兵　投擲兵

　　主要使用投擲槍或投石索等武器作戰的士兵，亦稱投擲手。由於此類武器射程短，而且受限於武器性質，能夠搬運的備用彈體有限，所以投擲兵也必須要持刀劍等武器進行戰鬥和訓練。

■赤紅之鞭（Red Bute）レッドビュート

　　祕密組織Eagle[*]實行部隊隊長專屬的武器。平時當作戰鬥服的配件隨身攜帶，作戰時才會伸長變成長鞭。

---

[*] 祕密組織Eagle：1975～1977年日本播出的英雄特攝片《秘密戰隊ゴレンジャー》裡的聯合國祕密組織。

■刺盾（Spike Shield）スパイクシールド

統稱表面設有鐵刺的盾牌。除防禦以外，此類盾牌還能用來推擠、毆擊對手，進行攻擊。相反地，由於敵人的攻擊經常會打擊到盾牌表面的尖刺，所以使用者必須承受住揮砍的衝擊力道。

■刺針（Sting）スティング

《魔戒》《魔戒前傳：哈比人歷險記》提及的劍，是哈比人比爾博及姪兒佛羅多的佩劍。此劍是精靈打造，只要宿敵半獸人（Orc）接近就會發光。就精靈和人類的體型而言，刺針其實跟匕首差不多大小，不過哈比人拿起來則約莫是短劍的比例。

■卸除武器（Disarm）ディザーム

此用語源自意為「解除武裝」的「Dis-arm」，早期的桌上角色扮演遊戲（TRPG）多記作「卸除武器」，是故許多玩家也都如此稱呼。

■板金鎖子甲（Plate Mail）プレートメイル

藉板金包覆鎖子甲要害處（胸、腰、肩等）強化防禦力的甲冑。板金鎖子甲是「板金＆鎖子甲」的略稱，跟全身都用板金緊緊裹住的板金鎧甲（Plate Armour）是兩種不同的鎧甲。裝甲呈曲線構造，此設計不僅是要貼合身體，還能讓敵人攻擊的打滑、分散打擊力道。

■板金鎧甲（Plate Armour）プレートアーマー

亦稱全身鎧（Suit Mail）的全身式甲冑。強化板金鎖子甲（Plate Mail）外露的側腹、手肘內側等部位，是用板金裝甲包覆住全身所有部位的防具，唯獨屁股、大腿後側和腳底板沒有裝甲。

■波形短劍（Kris）クリス

東南亞爪哇和馬來一帶使用的刀劍。武器跟短劍和匕首差不多大小，劍身則是呈流線形的波浪造型。波形短劍主要著重於其裝飾性、咒術性意義，後來更演變出小型的「波形刀」（Kris Knife）、劍身根部做成龍形的「龍形短劍」（Kris Naga）等武器。在某些遊戲當中，裝備波形短劍就會有使魔法無效化的效果。

■法蘭克標槍（Angon）アンゴン

法蘭克人使用的標槍。槍身前端約三分之一的地方設有重錘、藉以增加武器威力。從前被用來投擲刺擊敵人盾牌，待標槍刺進盾牌後用腳踩住槍柄，把敵人的盾牌扭下來。

■長柄大斧（Poleaxe）ポールアックス

長柄大斧亦即長柄的戰斧，不過據說此字其實並非「長柄兵器的斧頭」的意思，而是由中世紀英語「頭（Poll）＋斧（Ax）」演變而成。長柄大斧外形酷似瑞士戟（Halbard），不過長柄大斧的斧柄處設有「圓盤狀護手」。

■長柄步矛（Pike）パイク

於5~8m的長柄前端裝設插管式（Socket）矛頭製成的武器。長柄步矛雖不適

用於單挑，倒是能有效地牽制突進的騎兵。使用時可以踩住矛尾的鐏，使長矛固定在地面。

■阿隆戴特（Arondight）アロンダイト

圓桌武士蘭斯洛爵士（Sir Lancelot）的佩劍。此劍相關資料諸如是否有魔法能力已經不得而知，不過當初蘭斯洛就是拿這柄劍殺死了好友蓋文爵士（Sir Gawain）的三個弟弟。

■青龍偃月刀　青竜偃月刀せいりゅうえんげつとう

小說《三國演義》中關羽使用的長柄兵器。此武器其實是「刻有青龍模樣的偃月刀」，跟青龍刀並無關係。

【九劃】

■哀悼之劍（Mournblade）モーンブレード

小說《艾爾瑞克系列》（Elric Saga）裡的黑色魔劍。此劍跟興風劍是雙胞胎，同樣也是一柄擁有邪惡意志的魔劍。

■柔術短棍　ヤワラスティック

柔術短棍是種打擊用寸鐵，棍長恰好能讓兩端在握拳時稍稍露出，有助使用者「把拳頭握實」，進而提升毆擊的打擊力。

■柄擊（Pommeling）ポメリング

就是用柄頭毆擊他人。柄擊通常是對著後腦勺毆擊將人「擊暈、制服」，可是如果力道拿捏不好，後果將非常嚴重，必須慎加注意。

■穿甲者（Mail Breaker）メイルブレーカー

即貫穿鎧甲的意思。原本專指鎧甲防禦未臻完善的時代發明的一種短劍，後來卻也成爲「鎚」、「戰鎬」、「刺劍」等突刺系武器之俗稱。主要是用來刺穿皮甲和鎖子甲等裝甲。

【十劃】

■倭刀　わとう

倭刀是種中國刀劍，結合了日本刀的刀身以及中國的刀柄護手（拵）。有時亦指從日本輸入的日本刀。

■烏茲鋼（Wootz Steel）ウーツ鋼

轟動18世紀歐洲的「仿大馬士革鋼」（Imitation Damascus Steel）。烏茲是梵語「堅硬」的意思，堪稱爲大馬士革鋼之再現，然而兩者雖然相似，實際上卻是不同的物質。

■烏頭（Monkshood）トリカブト

毛茛科（Ranunculaceae）的多年草本植物。自古便被用來在箭頭餵毒，能夠引起嘔吐、頭痛、目眩、呼吸困難等症狀並且致死。

■祕銀（Mithril）ミスリル

《魔戒》作者Ｊ・Ｒ・Ｒ・托爾金著作群所提出的魔法金屬。祕銀看似普通白

銀，不但比鋼鐵更加堅硬、跟銅一樣極富延展性、能夠拿來像玻璃般打磨，甚至表面也不會氧化變黑。

■逆手擊（Reverse Grip）リバースグリップ

手持雙手劍的劍身、把劍柄當作鎚子揮擊的戰法。亦稱「逆手打」。

【十一劃】

■授階儀式　かたうちぎれい

任命騎士的儀式。雙手置於頸部擁抱，或者用劍脊輕點肩頭或頸部，儀式始得以成立。電影《石中劍》（Excalibur）在任命騎士時還唱道「謹以上帝之名、聖米迦勒與聖喬治之名，授汝攜劍的權力，行使正義的力量」「汝且發誓履行騎士之義務」。

■斬首劍（Executioner's Sword）エクスキューショナーズソード

處刑用斷頭劍。此劍雖是雙手劍握柄卻相當短，便於施力將死囚首級斬下。此劍有時也會用於舉行儀式，故寬闊的劍身和劍柄皆施有裝飾及雕刻。

■斬龍劍　ドラゴン殺しの大剣

漫畫《烙印勇士》（Berserk）裡鑄劍匠柯特（Godot）贈予黑色劍士的武器。這是高特特別爲當權者「打造足堪屠龍的劍」的委託而鑄造的武器，是柄普通人連拿都拿不動、違論舉劍揮擊的巨劍。

■斬鐵劍（ざんてつけん）斬鉄剣

《魯邦三世》石川五衛門所持日本刀。據說是熔化虎徹、吉兼、正宗三柄名刀重新打造而成。雖然號稱「世上沒有斬鐵劍無法斬斷的東西」，唯獨蒟蒻就是切不斷。

■旋轉劍（Drill Blade）回轉劍

劍身有如電鑽般旋轉的劍。此劍外觀看起來是把長劍，基本上卻是突刺用武器。攜帶時可收納於專用盾牌的內側。

■盔甲撕裂者（Panzerstecher）パンツァーステッチャー

此語是德國對突刺劍的俗稱，是「貫穿鎧甲」的意思。此語跟「刺劍（Estoc・法語）」和「穿甲刺劍（Tuck・英語）」，同樣都是指稱「戳刺」的單字。

■連發弩（Repeater Crossbow）レピータークロスボウ

起源自中國的連射式十字弓，亦稱「連弩」、「諸葛弩」。設有箱型箭盒，只須前後推動拉桿便能裝填、上膛、發射。射程短、威力孱弱。

■野戰用鎧甲（Field Armour）フィールドアーマー

將板金鎖子甲的鎖鏈部分置換成皮革的防具。這種鎧甲或許是因爲外形帥氣而且構圖簡單，在虛構作品的世界裡相當常見。

■桲　からさお

打穀用農具，是在長棍前端加設短棍或木板製成。

■棒棒針（Lollipop Knife）ロリポップナイフ

棒棒糖外型的隱藏式長針。棒棒糖的握柄就是中空的針鞘，拔起後就會露出不鏽鋼材質的長針。

■焰形禮劍（Flamberg）フランベルク

「焰形大劍」（Flamberge）的德語發音唸法。焰形禮劍其實並非「較短的焰形大劍」，而是指早期德國鑄造的焰形大劍。焰形禮劍是種西洋劍（Rapier）式的刀劍，義大利和法國鍛造的雙手式焰形大劍便深受此武器影響。

■無袖罩袍（Surcoat）サーコート

騎士罩在鎧甲上的布袍，亦稱「騎士外衣」、「長罩袍」。十字軍時代的無袖罩袍長及腳踝，百年戰時則縮短成剛好遮住身體的長度。此罩袍原本是用來保護鎧甲、防止日曬，後來纔漸漸開始在罩袍上繪製紋章、宣傳思想。

■腎形匕首（Kidney Dagger）キドニーダガー

此武器因護手形狀酷似腎臟（Kidney），故名。這是柄突刺專用短劍，始見於14世紀（另說Kidney有「親切地」的意思，是用來結束瀕臨死亡的伙伴或敵人的性命，使其解脫）。腎形匕首左右各有一個圓形突出物，是故經常被視同爲睪丸匕首（Ballock Knife）。

■鈍劍（Fleuret）フルーレ

以擊劍競技（Fencing）而聞名的「花劍」（Foil）便屬此類。鈍劍是種專爲練習而鑄造的劍，也爲現今的擊劍競技打下了基礎。劍身呈針狀，因爲是練習用劍所以劍尖圓而模鈍。

■黃金長鞭（Cordon de Argent）コルドンダルジャン

使用鋼鐵絲捻成長鞭狀的武器。法語是「金絲」「黃金緞帶」的意思，名稱相當風雅，但此武器卻有能將目標物纏住扯成兩段的恐怖威力。

■黃金獅子劍　黃金の獅子の劍

亨利王麾下騎士佩帶的魔法劍。傳說此劍是亞瑟王時代由斷鋼神劍的鍛造者所鑄，劍鞘刻有「永遠」二字，劍身則雕有黃金獅子的模樣。曾經是蘭開夏（Lancashire）的魔法師之所有物。

■奧爾特加追擊　オルテガハンアー

雙拳互握向下給予敵人重搥的攻擊方式，能在至近距離發揮絕佳的效果。此擊之威力則視乎雙拳互握的握力，以及把雙手當作重鎚向下揮擊時的腕力和背部肌力而定。據說命名者是漫畫家德光康之氏。

■慈悲短劍（Misericorde）ミセリコルデ

慈悲短劍是種薄刃匕首，多被用來從鎧甲縫隙往裡面刺擊，以及給予敵人最後一擊，使其解脫。慈悲短劍皆屬單刃，不過有些劍身的斷面是呈菱形或三角

形。其語源是法語「慈悲」的意思。

■暗器　暗器

　　統稱能夠藏在身體各處的小型武器。此用語通常是指飛行道具而言，不過只要是能夠隱藏攜帶的武器，不論是棍棒抑或刀劍，全都可以算是暗器。

■義大利十字弓（Arbalest）アーバレスト

　　13世紀義大利的十字弓。武器名源自於意爲「弓+大型投石器」的拉丁語「ARBALEST」，也是日語將十字弓譯作「石弓」（いしゆみ）的根據之一。

■聖水噴杖（Holy Water Sprinkler）聖水スプリンクラー

　　晨星錘的別名。

■蜂尾針（Stinger）スティンガー

　　鋼筆狀隱藏式武器。掀開筆蓋就會露出針狀刀身，直接刺向敵人；刺中以後拔起武器針頭就會脫落、殘留於體內，是一種相當恐怖的武器。

■雷神之鎚（Mjolnir）ミョルニル

　　北歐神話中雷神索爾（Thor）的武器。其名是「粉粹」的意思，亦稱「索爾之鎚」（Thor Hammer）。雷神之鎚擁有投擲出去後必定會返回使用者手中的神奇力量。

【十四劃】

■嘉拉汀（Galatyn）ガラティーン

　　圓桌武士蓋文爵士（Sir Gawain）的佩劍。這是柄精靈鍛造的魔劍，據說跟斷鋼神劍同樣，絕對不會缺刃。

■墊甲（Tablet）タブレット

　　鎧甲用內衣，亦稱「襯衣」。墊甲跟吸收衝擊力道的護墊（Pad）和鎖子甲（Chainmail）一體成型，初期的板金鎧甲若無墊甲便無法穿戴使用。

■廓爾喀兵（Gurkha Soldier）グルカ兵

　　尼泊爾廓爾喀人所組成、擅長深山作戰的戰鬥集團。廓爾喀兵非常勇猛，愛用廓爾喀彎刀（Kukri）。

■摺扇（ハリセン）

　　摺扇是戰扇的一種。不採用金屬、竹子等堅硬材質，整體皆是用紙張製成，是摺扇的最大特徵。摺扇攜帶方便卻不適用於戰鬥，主要是用來嚇唬敵人或儀式使用。

■摺疊刀（Folding Knife）ホールディングナイフ

　　「摺合式小刀」（Jackknife）和「蝴蝶刀」（Butterfly Knife）等摺疊式小刀的統稱。摺疊刀的刀刃收納於握柄內部，因此不須刀鞘便能放進口袋中隨身攜帶。

■熊爪（Bear Claw）ベアークロー

　　前蘇聯超級摔角手使用的近身武器。有可將利爪拆下的分離式熊爪，也有利爪跟義手一體成型的熊爪。

■碳纖維強化球拍（Hyper Hammer）ハイパーハンマー

曾經轟動溫布頓（Wimbledon），克服頭重腳輕缺點的網球拍。摒棄多餘功能的簡單構造最受歡迎。

■緋緋色金（ヒヒイロカネ）

日本傳說中的古代超金屬。高純度的緋緋色金比黃金更加柔軟、製成合金卻會變得比白金更硬且不會腐蝕，這些特徵都跟「歐利卡克姆」（Orichalcum）非常類似。精鍊過的緋緋色金乃呈朱紅色，據說鑄成刀劍後就連石頭都能劈得開。

【十五劃】

■彈簧刀（Flick Knife）飛び出しナイフ

刀部分收納於握柄內部的小刀。只要操作按鈕或拉桿解除鎖定裝置，刀身就會利用彈簧的力量從握柄中彈出。雖然有些彈簧刀亦有簡單的刀身鎖定裝置，但基本上彈簧刀仍然不適用於截刺。

■德式鬥劍（Katzbalger）カッツバルゲル

護手呈S字型或8字型的短劍，是德國平民傭兵集團（Landsknecht）愛用的刀劍。有人認為「Katzbalger」乃源自德語「貓的皮」一詞，另說此語實乃「吵架用的」意思。

■歐利卡克姆（Orichalcum）オリハルコン

從前亞特蘭提斯大陸使用的魔法金屬。此語是「山之鋼」的意思，能夠像鏡子般地反射太陽的光芒。高純度歐利卡克姆比黃金還要柔軟，製成合金則會變得比白金還硬。

■銳劍（Epee）エペ

貴族用來決鬥的劍。銳劍有杯狀護手（Cup Guard）構造，劍身呈平面狀有助於切斬。此武器當初是減輕西洋劍（Rapier）重量進化成的劍，後來還演變出練習用的「鈍劍」（Fleuret）。

【十六劃】

■興風劍（Stormbringer）ストームブリンガー

麥克‧摩考克（Michael Moorcock）小說《艾爾瑞克系列》（Elric Saga）中的劍。漆黑的劍身表面刻有盧恩文字（Rune），亦稱「黑暗之劍」。興風劍是柄邪惡的魔劍，凡是被它殺害的人，魂魄也會遭到興風劍吞噬。

■諾迦刺劍（Knochar）ノッカー

俄羅斯、波蘭對突刺劍的俗稱。

【十七劃】

■環頭太刀（かんとうたち）

古代日本的刀。此刀有別於象徵貴族權威的「劍（つるぎ）」，是廣泛受到貴族及普通兵使用的武器。環頭太刀是單手持用的單刃直刀，柄頭設計極具特色。

■螺旋鞭（Screw Whip）スクリューウィップ

像電鑽般旋轉的長鞭。有的螺旋鞭只有前端才會旋轉，有的則是除握柄以外、整支長鞭旋轉。

■闊頭槍（Partizan）バルチザン

闊頭槍是種槍頭根部寬闊、兩道利刃如雙翼般向左右伸展的武器。持闊頭槍刺擊敵人時，左右利刃亦可撕裂皮肉製造傷害。闊頭槍有「相當容易使用，農民叛亂亦曾使用」的評語；此評語其實是相對於瑞士戟（Halbard）等較複雜的武器而言，闊頭槍的確是比較容易使用，然而這並不代表闊頭槍是外行人都能使用的武器。後來闊頭槍更獲得許多正規軍隊採用，由此可見闊頭槍可謂是種頗具潛力的武器。

■點穴　点穴

打擊系武器技能。這是種利用峨嵋刺或鐵扇等打擊系武器戳點人體要害的攻擊方法，不過亦可徒手或持細針使用。盛行於中國與日本。

【十八劃】

■擲網（Net）ネット

在牢固的網子前端裝設重物的武器。可以捕捉住敵人後從容地將其打倒，或是纏住敵人雙腳限制其行動。網面還設有小型尖刺，能在纏住敵人的同時使其大量出血。古羅馬的角鬥士（Gladiator）就曾經單手持擲網，另一手持三叉戟作戰。

■擲環（Chakram）チャクラム

亦稱「戰環」或「圓月環」的印度投擲武器。是個外側設有利刃的金屬圓環，直徑約10~30cm。可以用食指伸進圓環中央旋轉投擲，也可以用手指捏著圓盤投擲出去。

■斷鋼神劍（Excalibur）エクスカリバー

傳為精靈國度亞法隆（Avalon）鍛造的魔法劍。斷鋼神劍被譽為「始於時間開端的王者之劍」，尚且被奉為王權之象徵。這柄劍能夠斬斷任何物質，完全不會缺刃的劍身則會散發出相當於30枝火把的光芒，劍柄鑲有寶石、護手是以黃金鑄成。此外據傳任何人只要持有斷鋼神劍的劍鞘，就絕對不會流血。

■禮劍（Small Sword）スモールソード

17世紀中葉問世的小型劍，外形近似長度較短的西洋劍（Rapier）。此劍誕生於刀劍已經成為貴族當成裝飾品攜帶的時代，因此亦不乏裝飾華麗或鑲嵌寶石的禮劍存在。

■薩里沙長矛（Sarissa）サリッサ

被視為長柄步矛（Pike）前身的長矛。古希臘亞歷山大大帝麾下馬其頓軍團方陣戰術（重裝步兵密集方陣）使用的武器。矛頭和鐏皆是插管式（Socket）構造，部分長達5m的薩里沙長矛是在矛柄中間用金屬管銜接。

■鎖子甲（Chainmail）チェインメイル

將鎖鏈編成襯衣形狀的防具，跟日本的鎖帷子相當類似。鎖子甲有長袖、短

袖、無袖等各種形狀，甚至還有長褲形狀的鎖子甲，組合穿戴起來就能用鎖鏈護住全身。鎖子甲對切斷和斬擊屬性攻擊的防禦性能不差，卻禁不住突刺和打擊屬性的攻擊。

■騎兵　騎兵

騎馬作戰的士兵，亦稱「騎手」、「騎士」。從前的騎兵大多是持長槍與弓箭作戰，近代則是改以鎗炮和軍刀（騎兵刀）為主要裝備。騎兵固然機動性極佳，卻必須籌備馬匹訓練，要有相當龐大的資金才能組成較大的編制。

【十九劃】

■羅馬拳套（Cestus）セスタス

古羅馬拳擊手使用的皮手套。羅馬拳套是用堅韌的皮索當作拳擊繃帶纏住拳頭，然後在表面縫製金屬製鉚釘，堪稱為鐵拳類武器之開祖。

■蠍尾連枷（Scorpion Tail）スコーピオンテイル

連枷式的晨星武器。將晨星錘頭小型化、三個連接起來，改造成三連星武器。不但攻擊範圍變廣，威力亦大幅增加。

■顛茄（Belladonna）ベラドンナ

茄科（Solanaceae）多年生草本植物。可治療眼疾和氣喘，但使用方法錯誤就會造成幻覺、呼吸停止。

【二十一劃】

■鐵叉　サイ

中國版的十手*。刀身呈棒狀，鉤狀構造朝左右延伸成「山」字型。武器前端甚是鋒銳，攻擊力相當高。基本上都是雙手各持一柄鐵叉作戰。

■鐵槍弩（Iron Bow Gun）アイアンボーガン

發射鐵球而非弩箭的十字弓。通曉仙道者便能在球上抹油、消滅吸血鬼。

---

* 見NO.046之譯注。

『武器と防具　西洋編』市川定春　新紀元社

『武器と防具　日本編』戸田藤成　新紀元社

『武器と防具　中国編』篠田耕一　新紀元社

『武器事典』市川定春　新紀元社

『武器甲冑図鑑』市川定春　新紀元社

『武勲の刃』市川定春と怪兵隊　新紀元社

『幻の戦士たち』市川定春と怪兵隊　新紀元社

『アイテム・コレクション』安田均／グループSNE　富士見書房

『西洋　騎士道事典』グラント・オーデン／堀越孝一監訳　原書房

『図説　西洋甲冑武器事典』三浦権利　柏書房

『図説　日本合戦武具事典』笹間良彦　柏書房

『魔導具事典』山北篤監修　新紀元社

『武器屋』Truth In Fantasy編集部　新紀元社

『図説・日本武器集成』学習研究社

『図説・日本刀大全』学習研究社

『図説　剣技・剣術』牧秀彦　新紀元社

『図説　剣技・剣術二』牧秀彦　新紀元社

『グラフィック戦史シリーズ　戦略戦術兵器事典②【日本戦国編】』学習研究社

『戦国合戦の常識が変わる本』藤本正行　洋泉社

『明府真影流　手裏剣術のススメ』大塚保之　BABジャパン

『CIAスパイ装備図鑑』キース・メルトン／北島護　訳　並木書房

『ナイフ・ナタ・斧の使い方』鈴木アキラ　山と渓谷社

『聖剣伝説』佐藤俊之とF.E.A.R　新紀元社

『聖剣伝説II』佐藤俊之とF.E.A.R　新紀元社

『ドラゴン学』ドゥガルド・A・スティール　今人舎

『RPG幻想事典・日本編』飯島建男監修　ソフトバンク出版事業部

『RPG幻想事典　アイテムガイド』ヘッドルーム編　ソフトバンク出版事業部

『RPG幻想事典　戦士たちの時代』司史生、板東いるか共著　ソフトバンク出版事業部

『ザ・暗殺術』マーク・スミス、ジョン・ミネリー／ハミルトン遥子訳　第三書館

『ザ・必殺術』マスター・ヘイ・ロン、ブラッドリー・J・シュタイナー／天海陸、田丸鐘訳　第三書館

『ザ・秒殺術』マーク"アニマル"マックヤング、ドクター・T・がんボーデラ、ドン・ヴィト・クアトロッチ／ハミルトン遥子訳　第三書館

『コマ送り　動くポーズ集5　武器編』マール社編集部　マール社

『西洋甲冑ポーズ＆アクション集』三浦権利　美術出版社

『実写版アクションポーズ集　侍・忍者編』ほーむるーむ編著　グラフィック社

『ワーズ・ワード』ジャン＝クロード・コルベイユ、アリアン・アーシャンボウ／長崎玄弥総監修　同朋社

『武器』ダイヤグラムグループ編／田島優・北村孝一訳　マール社

『ビジュアル博物館　第4巻　武器と甲冑』マイケル・バイアム／リリーフ・システムズ訳　同朋社出版

『ビジュアル博物館　第43巻　騎士』クリストファー・グラヴェット／坂本憲一訳　同朋社出版

『ビジュアル博物館　第49巻　城』クリストファ・グラヴェット／リリーフ・システムズ訳　同朋社出版

『OSPREY MEN-AT-ARMS　アーサーとアングロサクソン戦争』デヴィッド・ニコル／佐藤俊之訳　新紀元社

『OSPREY MEN-AT-ARMS　共和制ローマの軍隊』ニック・セカンダ／鈴木渓訳　新紀元社

『OSPREY MEN-AT-ARMS　サクソン／ヴァイキング／ノルマン』テレンス・ワイズ／佐藤俊之訳　新紀元社

『OSPREY MEN-AT-ARMS　十字軍の軍隊』テレンス・ワイズ／桂令夫訳　新紀元社

『OSPREY MEN-AT-ARMS　中世ドイツの軍隊』クリストファ・グラヴェット／鈴木渓訳　新紀元社

『OSPREY MEN-AT-ARMS　百年戦争のフランス軍』デヴィッド・ニコル／稲葉義明訳　新紀元社

『A Glossary of the Construction, Decoration and Use of Arms and Armor in All Countries and in All Times Together With Some Closely Related Subjects』George Cameron Stone　Dover Pubns

譯者參考文獻

《中華古今兵械圖考》裴錫榮、朝明華、江松友合編／大展出版社／2002年

《武器屋》Truth In Fantasy編輯部／趙佳譯／楊立強、郭昡海審訂／奇幻基地／2004年

《武器事典》市川定春／林哲逸、高胤喨譯／奇幻基地／2005年

《圖說 西洋甲冑武器事器》　三浦權利／謝志宇譯／上海書店出版社／2005年

《聖劍傳說》佐藤俊之、F.E.A.R.／魏煜奇譯／蘇竑嶂審校／奇幻基地／2005年

《魔導具事典》山北篤監修／黃牧仁、林哲逸、魏煜奇譯／蘇竑嶂審訂／奇幻基地／2005年

國家圖書館出版品預行編目資料

圖解近身武器/大波篤司作；王書銘譯.--初版.--台北市：奇幻基地出
版：家庭傳媒城邦分公司發行；　（民97）
　　面：　　公分. --（F-Maps 02）
參考書目：面
含索引
譯自：圖解近接武器

ISBN 978-986-6712-21-0（平裝）

1. 武器

595.5　　　　　　　　　　　　　　　　　　　97004678

F-Maps 02

圖解近身武器

原 著 書 名／圖解近接武器
作　　　者／大波篤司
譯　　　者／王書銘
責 任 編 輯／王雪莉

版權行政暨數位業務專員／陳玉鈴
資深版權專員／許儀盈
行 銷 企 劃／陳姿億
行銷業務經理／李振東
總 編 輯／王雪莉
發 行 人／何飛鵬
法 律 顧 問／元禾法律事務所 王子文律師
出　　　版／奇幻基地出版
　　　　　　城邦文化事業股份有限公司
　　　　　　台北市104民生東路2段141號8樓
　　　　　　電話：(02)25007008　　傳真：(02)25027676
　　　　　　e-mail：ffoundation@cite.com.tw
發　　　行／英屬蓋曼群島商家庭傳媒股份有限公司城邦分公司
　　　　　　聯絡地址：台北市104民生東路2段141號2樓
　　　　　　書虫客服服務專線：02-25007718；25007719
　　　　　　24小時傳真專線：02-25001990；25001991
　　　　　　服務時間：週一至週五上午09:30-12:00；下午13:30-17:00
　　　　　　劃撥帳號：19863813；戶名：書虫股份有限公司
　　　　　　讀者服務信箱：service@readingclub.com.tw
　　　　　　歡迎光臨城邦讀書花園 網址：www.cite.com.tw
香港發行所／城邦（香港）出版集團有限公司
　　　　　　香港灣仔駱克道193號東超商業中心1樓
　　　　　　電話：(852) 2508-6231　　傳真：(852) 2578-9337
　　　　　　e-mail：hkcite@biznetvigator.com
馬新發行所／城邦（馬新）出版集團 Cite (M) Sdn Bhd
　　　　　　41, Jalan Radin Anum, Bandar Baru Sri Petaling, 57000 Kuala Lumpur, Mala
　　　　　　電話：603-90578822　　傳真：603-90576622
　　　　　　email：cite@cite.com.my

封 面 設 計／黃聖文　繪 圖／佐亞
電 腦 排 版／浩瀚電腦排版股份有限公司
印　　　刷／高典印刷有限公司

■ 2008 年（民97）4 月 29 日初版
■ 2022 年（民111）6月10日初版12刷

售價／280元

Printed in Taiwan.

城邦讀書花園
www.cite.com.tw

104台北市民生東路二段141號2樓

英屬蓋曼群島商家庭傳媒股份有限公司城邦分公司 收

- -

請沿虛線對摺，謝謝

每個人都有一本奇幻文學的啟蒙書

網站：http://www.ffoundation.com.tw

號： 1HP002　　　書名：圖解近身武器

讀者回函卡

謝謝您購買我們出版的書籍！請費心填寫此回函卡，我們將不定期寄上城邦集團最新的出版訊息

姓名：＿＿＿＿＿＿＿＿＿＿＿＿＿＿＿＿＿＿　　　性別：□男　□女

生日：西元＿＿＿＿＿＿＿年＿＿＿＿＿＿＿＿月＿＿＿＿＿＿＿日

地址：＿＿＿＿＿＿＿＿＿＿＿＿＿＿＿＿＿＿＿＿＿＿＿＿＿＿＿＿＿

聯絡電話：＿＿＿＿＿＿＿＿＿＿＿＿＿傳真：＿＿＿＿＿＿＿＿＿＿＿

E-mail：＿＿＿＿＿＿＿＿＿＿＿＿＿＿＿＿＿＿＿＿＿＿＿＿＿＿＿

學歷：□1.小學 □2.國中 □3.高中 □4.大專 □5.研究所以上

職業：□1.學生 □2.軍公教 □3.服務 □4.金融 □5.製造 □6.資訊

　　　□7.傳播 □8.自由業 □9.農漁牧 □10.家管 □11.退休

　　　□12.其他＿＿＿＿＿＿＿＿＿＿＿＿＿＿＿＿＿＿＿＿＿＿＿

您從何種方式得知本書消息？

　　　□1.書店 □2.網路 □3.報紙 □4.雜誌 □5.廣播 □6.電視

　　　□7.親友推薦 □8.其他＿＿＿＿＿＿＿＿＿＿＿＿＿＿＿＿＿

您通常以何種方式購書？

　　　□1.書店 □2.網路 □3.傳真訂購 □4.郵局劃撥 □5.其他

您購買本書的原因是（單選）

　　　□1.封面吸引人 □2.內容豐富 □3.價格合理

您喜歡以下哪一種類型的書籍？（可複選）

　　　□1.科幻 □2.魔法奇幻 □3.恐怖 □4.偵探推理

　　　□5.實用類型工具書籍

您是否為奇幻基地網站會員？

　　　□1.是□2.否（若您非奇幻基地會員，歡迎您上網免費加入，可享有奇
　　　　幻基地網站線上購書75折，以及不定時優惠活動：
　　　　http://www.ffoundation.com.tw/）

對我們的建議：＿＿＿＿＿＿＿＿＿＿＿＿＿＿＿＿＿＿＿＿＿＿＿
　　　　　　　＿＿＿＿＿＿＿＿＿＿＿＿＿＿＿＿＿＿＿＿＿＿＿
　　　　　　　＿＿＿＿＿＿＿＿＿＿＿＿＿＿＿＿＿＿＿＿＿＿＿